图解建筑设计的
99个常识

张军杰　牟晓阳　著

U0823154

江苏凤凰科学技术出版社 · 南京

图书在版编目（CIP）数据

图解建筑设计的 99 个常识 / 张军杰，牟晓阳著.

南京 : 江苏凤凰科学技术出版社，2025. 5. -- ISBN

978-7-5713-5265-3

Ⅰ. TU2-64

中国国家版本馆 CIP 数据核字第 2025TH8513 号

图解建筑设计的99个常识

著　　者	张军杰　牟晓阳
项目策划	凤凰空间 / 杨　琦
责任编辑	赵　研
责任设计编辑	蒋佳佳
特约编辑	杨　琦
出版发行	江苏凤凰科学技术出版社
出版社地址	南京市湖南路 1 号 A 楼，邮编：210009
出版社网址	http://www.pspress.cn
总　经　销	天津凤凰空间文化传媒有限公司
总经销网址	http://www.ifengspace.cn
印　　刷	北京博海升彩色印刷有限公司
开　　本	787mm×1 092 mm　1 ／ 16
印　　张	11
字　　数	150 000
版　　次	2025 年 5 月第 1 版
印　　次	2025 年 5 月第 1 次印刷
标准书号	ISBN 978-7-5713-5265-3
定　　价	98.00 元

图书如有印装质量问题，可随时向销售部调换（电话：022-87893668）。

前言

建筑设计既要有长期积累的传统实践经验，也要掌握普遍性的设计原理，还要有体现科学性的设计研究。和常规学科的迭代发展路径不同，建筑设计体现了三者齐头并进的态势，尤其在实际操作中，传统的经验、规律甚至会占据主导地位。但这些基础常识内容在当前建筑教育中又较为欠缺，包括缺少易于理解的设计方法、步骤，缺少明确的评价标准，缺少系统的经验规律总结等。加上有些传统设计教学又过于注重形式、空间等难以把握的美学层面内容，造成建筑设计入门的困难，让学生常常感觉无所适从。

针对上述问题，本书主要从设计方法及理念、规划及总图、功能与空间、造型与美学 4 个方面对建筑设计的常识内容进行了总结，并对一些基本原理进行了梳理。通过提炼有相对明确标准的经验规律，让学习过程有章可循，让设计实践也有一定的依据，从而保证设计的基本品质和合理性。

张军杰

2025 年 3 月

目录

PART 1

第一部分

设计方法及理念

1 建筑设计的 3 个基本思维

建筑处于环境之中，同时为人服务、被人使用，所以建筑设计需要处理好人、建筑和环境三者之间的关系。

（1）整体性的环境思维

① 统一性：包括与外部环境的统一、场地内部的统一和自身构成的统一等。

② 层次性：不同空间尺度层次——地域、城市、街区、场地、建筑、楼层、房间；不同空间性质层次——公共、半公共、半私密、私密，动、动静之间、静，外部、内外之间、内部；交通组织的层次性——城市、场地、建筑、楼层、房间等不同层次交通组织。

③ 秩序性：包括总体布局的秩序，空间组合的秩序（轴线、对称、对齐、重复等手法的应用），形体生成的秩序。

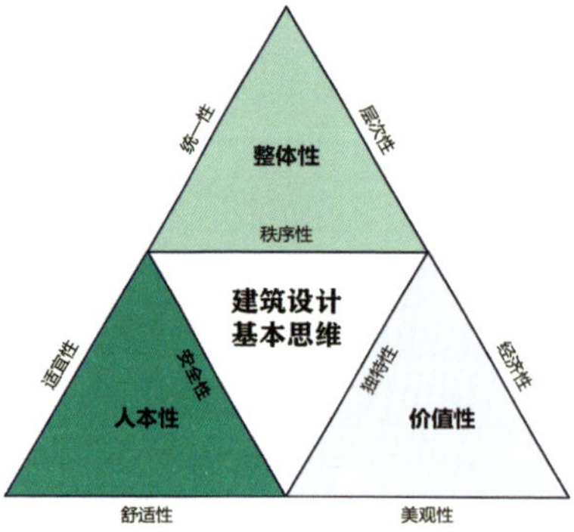

▲ 建筑设计的 3 个基本思维

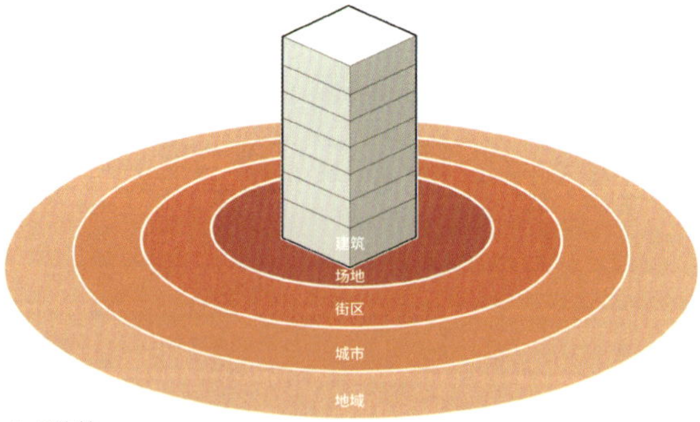

▲ 层次性

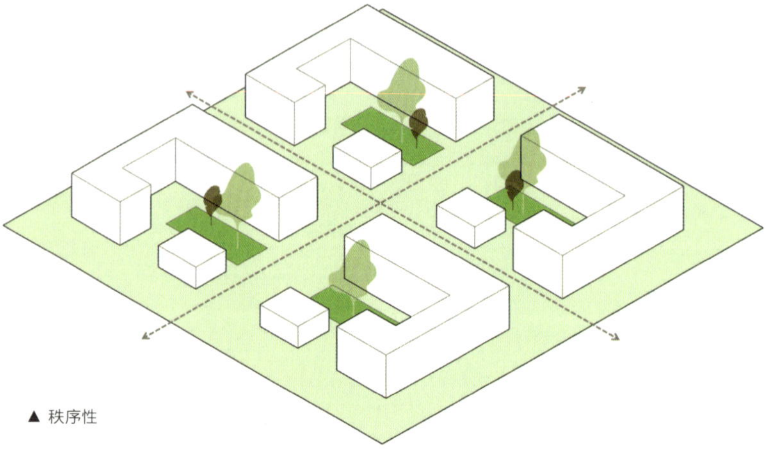

▲ 秩序性

（2）人本原则的使用思维

① 适宜性：建筑规模、尺度和建造标准确定的适宜性。

② 舒适性：包括空间层面舒适（空间功能、空间尺度和空间环境）和精神层面舒适（趣味性、愉悦性）。

③ 安全性：包括环境安全、建筑安全、使用安全等不同方面。

（3）价值性的经济思维

① 经济成本：考虑实际建造成本的经济性（规模、尺度、材料和结构选型恰当、合理、无浪费）。

② 价值塑造：好的设计能产生独有的功能、美学和商业价值。

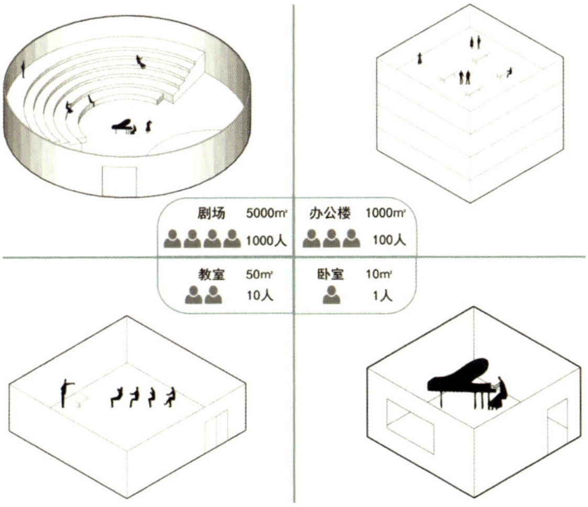

▲ 适宜性

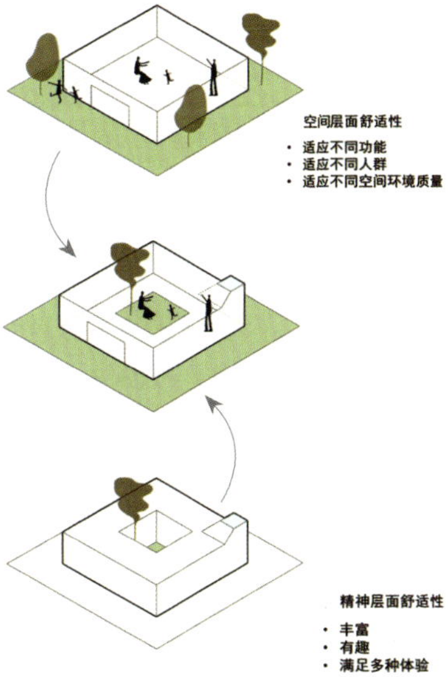

▲ 舒适性

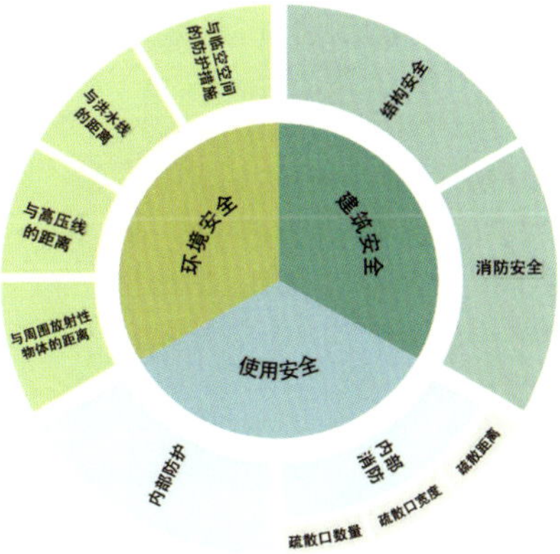

▲ 安全性

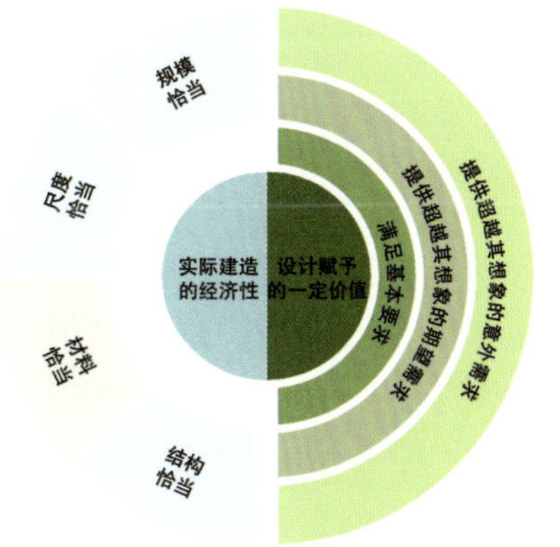

▲ 价值性的经济思维

2 建筑设计的三段式步骤

给定设计任务的前提下，方案设计过程可简单分为 3 个步骤，可以将其绘制成方案设计生成树。

（1）确立恰当的设计理念（树根）

确立设计理念需要两步：

① 明确设计的方向或者体现的主题，通过调研和分析环境、场地和需求，梳理、挖掘存在的主要矛盾问题和约束条件，明确设计的方向或者需要体现的核心主题，由无限可能变为有限可能。

② 寻找巧妙的解决策略，针对前述的问题通过植入理论或技术分析提出巧妙的解决策略。

（2）设计理念的转化、深化（树干）

转化是从虚的理念到实的图像的过程。其难点是能否找到恰当的图像语言（转化介质）来体现理念。转化方法包括原型提取法、单元组合法和逻辑推导法等。

深化是转化的图像结合功能、技术、空间和形式等进一步完善的过程。

（3）设计成果的完善表达（树冠）

对设计方案进行完整、规范、充分的表达。

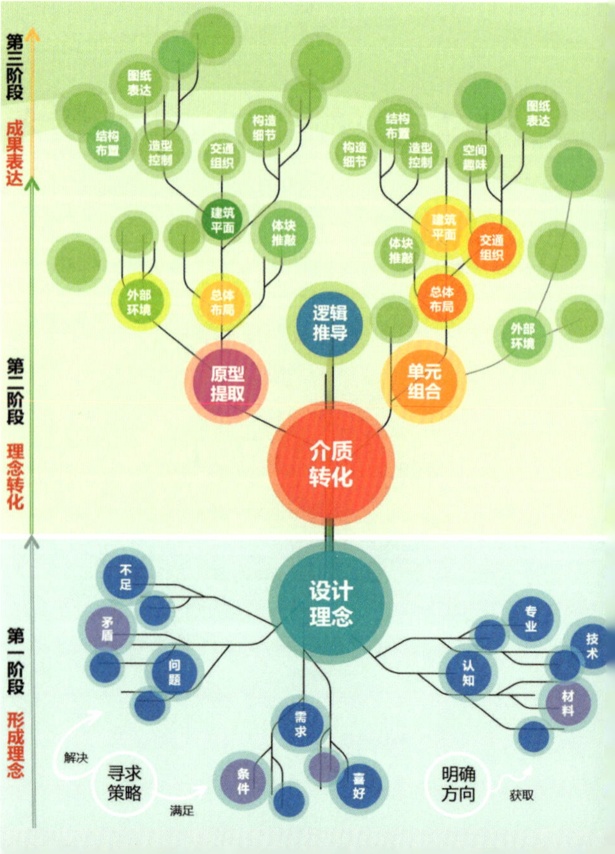

▶ 建筑设计的三段式步骤

3 设计方案的 2 个评价标准

设计方案没有正确、错误之说，但有优劣之分。由于建筑具有公共性和功能性的特征，所以情理之中、意料之外也许是个合适的评价标准。

（1）情理之中

主要包括方案生成过程的逻辑性和功能、技术、经济层面的合理性，即设计方案应符合常识，包括环境的适应性、功能的合理性、交通的便捷性、技术的适宜性等。

（2）意料之外

体现了设计方案的核心和特色。主要反映设计理念是否解决了项目的主要问题，解决方案是否巧妙，是否赋予设计一定的价值。

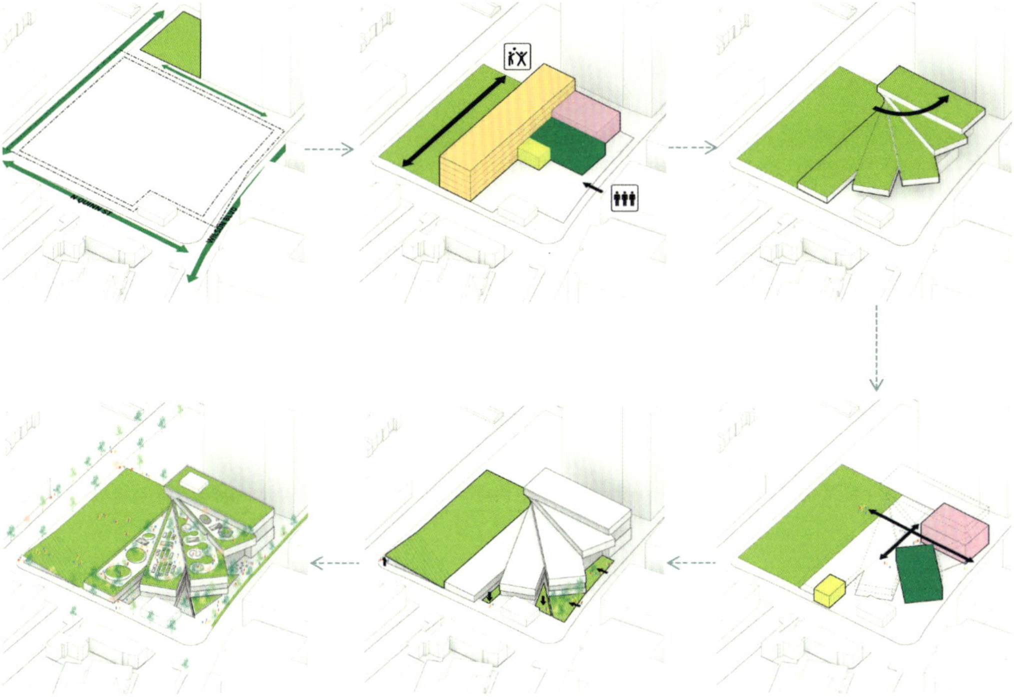

▲ 设计方案的 2 个评价标准——情理之中，方案生成的逻辑

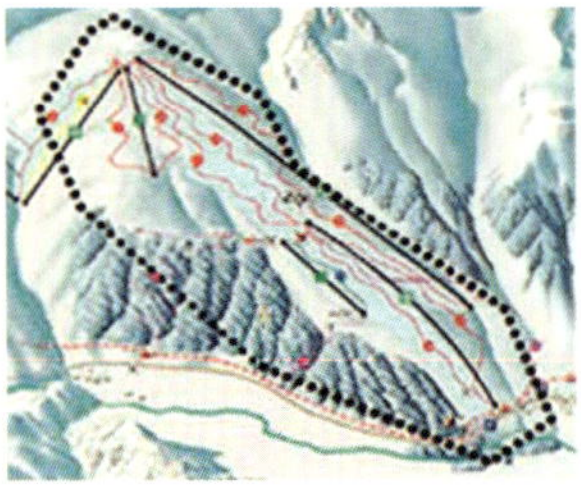

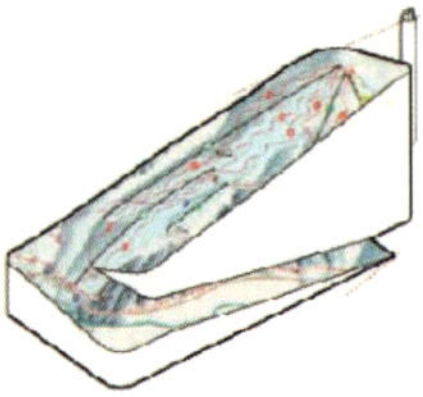

丹麦哥本哈根 CopenHill 新型垃圾焚烧发电厂
屋面的创新利用为建筑提供了额外价值

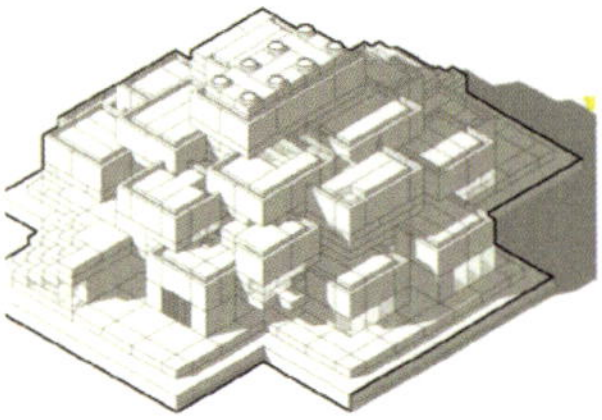

丹麦比隆乐高之家
积木原形体现了保持童趣、寓教于乐的理念

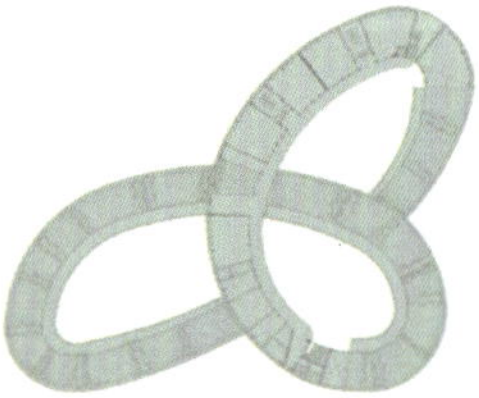

越南胡志明市农场幼儿园
三叶草布局给儿童提供了绿色、自然的乐土

▲ 设计方案的 2 个评价标准——意料之外，赋予设计价值

4 设计理念的 2 个导向

设计理念是一个设计是否具有特色和标志的主要体现。而判断理念成立的标准就是看其是否巧妙解决了设计的主要问题，或者是否赋予了设计额外的价值或者意义。

（1）问题导向

发现项目存在的主要矛盾问题或限制条件是设计的首要工作。这些问题或条件既是设计的难点，也是设计理念的来源。

（2）价值导向

赋予设计额外的价值和意义可以避免方案陷入平淡，尤其是超出建设方预期的价值能大大提升设计的吸引力和竞争力。

▲ 设计理念的问题导向

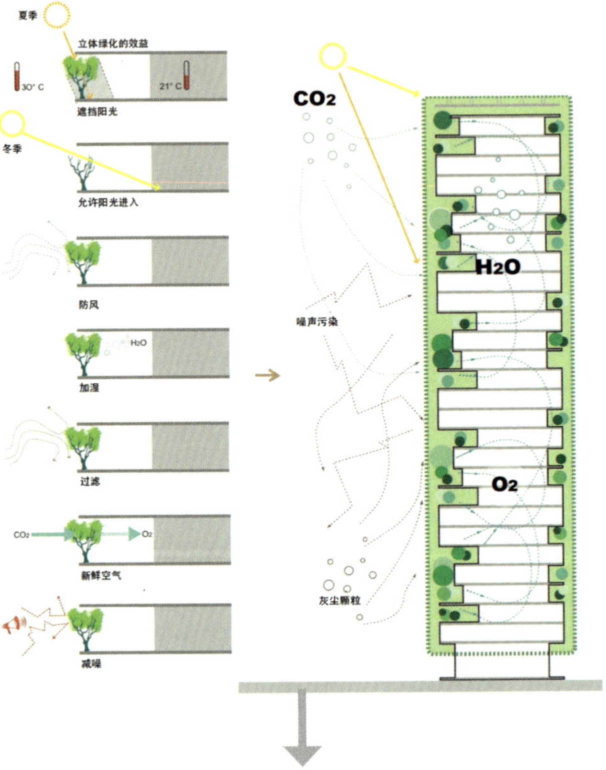

生态理念的植入提升了设计的品质和价值

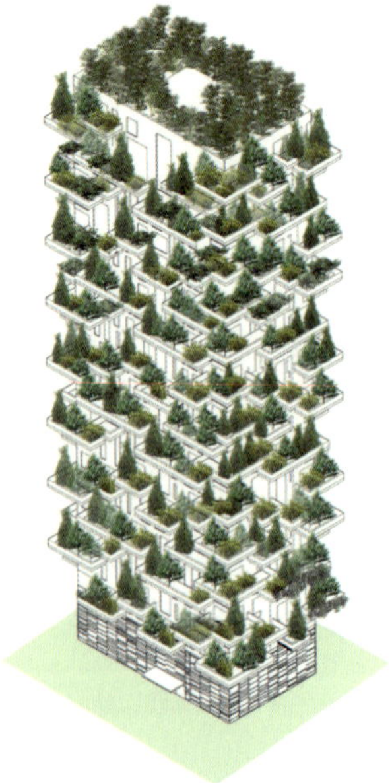

▲ 设计理念的价值导向

5 设计理念的 4 个评价标准

理念从问题或价值而来，但需要具体的策略支撑才能落地。判断理念的优劣就是看其具体策略是否具有关键性、明确性、贴切性和巧妙性特征。

（1）关键性

设计策略是否解决了项目的关键问题或者提供的价值是否满足了项目的核心需求。

（2）明确性

针对关键问题的解决策略是否明确、具体。

（3）贴切性

解决策略或者赋予的价值是否具有针对性和符合项目本身需要。

（4）巧妙性

针对关键问题的解决策略是否新颖、巧妙。

▲ 设计理念的 4 个评价标准

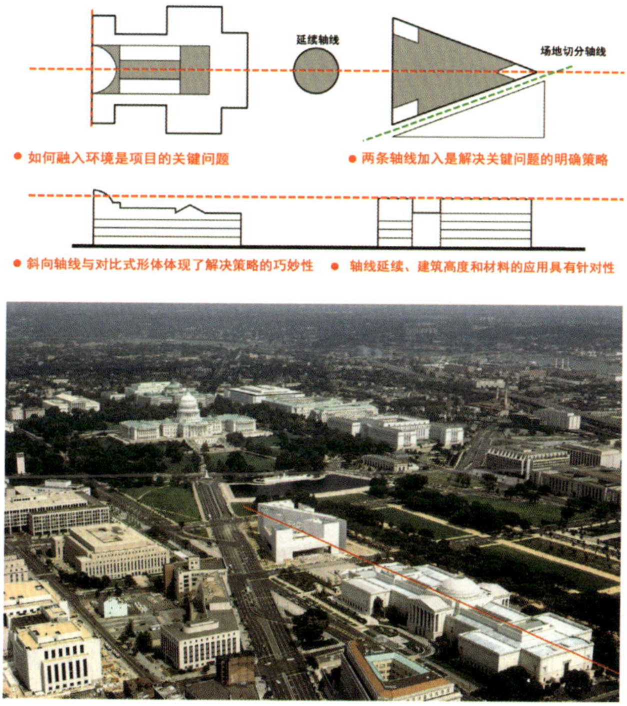

▲ 美国国家美术馆东馆

6 设计理念的 7 个常见来源

设计理念主要来源于环境、文化、历史、价值、技术和形式与空间等几大方面。

（1）环境

项目所在地的气候、地形、传统风貌和自然界等客观环境是设计理念的常见来源。可通过对反映环境特征的设计要素进行抽象加工，确立具有地域特点的设计理念。

（2）文化、历史

从文化、历史角度深入挖掘和项目有关的信息，包括地域、民族、企业文化以及代表性的历史故事、事件等，建立它们和项目的联系，并确定设计的理念。

▲ 瑞士圣莫里茨 BergOase 温泉设计草图——环境角度

▲ BergOase 温泉——环境角度

▲ 侵华日军南京大屠杀遇难同胞纪念馆——文化、历史角度

▲ 中国甲午战争博物院陈列馆——文化、历史角度

（3）价值

从功能创新出发找寻设计理念。即通过分析现有做法存在的矛盾和问题，打破常规解决思路，针对项目需求提出新的思考或者赋予新的价值。

（4）形式

通过形式创新形成设计理念。一种做法是完全创新的形式，和环境、文化等关系并不紧密，例如圣地亚哥·卡拉特拉瓦（Santiago Calatrava）的作品；另外一种是通过对基本形体结合约束条件进行物理手段操作从而形成新的视觉形象，如 BIG 事务所和 MVRDV 事务所的作品。

▲ 加拿大蒙特利尔 67 号居住区——功能价值角度

▲ 日本东京都立川市富士幼儿园——功能价值角度

▲ 美国旧金山现代艺术博物馆——形式角度

▲ 荷兰阿姆斯特丹水上住宅——形式角度

（5）空间

结合建筑性质和空间特征，通过特色性、震撼性的空间处理方式产生令人难忘的设计理念，例如天津滨海图书馆等。

（6）技术

通过材料、构造、结构或绿色技术的创新性应用而产生设计理念，如卒姆托、卡拉特拉瓦和武重义的作品。

（7）其他学科

从其他学科吸收、借鉴一些原理、做法并将其应用到设计中，从而形成设计理念，如一些仿生建筑或者生态建筑。

▲ 天津滨海图书馆——空间角度

▲ 奥克兰基督之光大教堂——空间角度

▲ 纽约世贸中心交通枢纽——技术角度

▲ 苏州阳澄湖游客集散中心——技术角度

▲ 米兰垂直森林——其他学科角度

▲ 纳戈尔德梧桐树立方体——其他学科角度

7 设计理念转化的 3 个方法

设计理念需要转化为具体的建筑形象，其中的关键就是能否找到恰当体现理念的图像介质，这也是设计的难点。其转化方法主要有以下 3 种：

（1）原型提取法

首先通过分析环境、场地特征和功能等方面的要求寻找恰当的原型，然后结合功能、技术和形式等要求确定原型尺度、做法，最后深化细节。

从原型的产生来源角度分为自然原型和人工原型两种，从原型的类型角度主要分为形式原型和空间原型两种。应注意避免采用过于复杂、具象的原型形象。

▲ 自然原型——桑基鱼塘

▲ 广东顺德美的总部场地

▲ 人工原型——江南民居水墨画

▲ 南京金陵美术馆

（2）单元组合法

通过分析环境、功能和场地状况要求确定基本设计单元模块，然后结合场地条件确定单元模块的组合秩序及形体关系，最后深化具体细节。适合各种建筑类型和地形环境。

多体块秩序组合

▲ 单元组合法

（3）逻辑推导法

根据项目制约因素对原始几何形体进行物理操作，最终形成对制约因素的回应。适合用地紧张，限制条件多的项目。主要步骤如下：

① 根据地形和规模选择原始几何体块。

② 分析限制约束因素，对体块进行物理操作（切割、挖洞、架空、削切、折叠、扭转、退台、叠加、悬挑等）。操作原则一是不能改变体块的整体性，二是一定要结合功能和环境要求。

③ 深化处理体块细节。

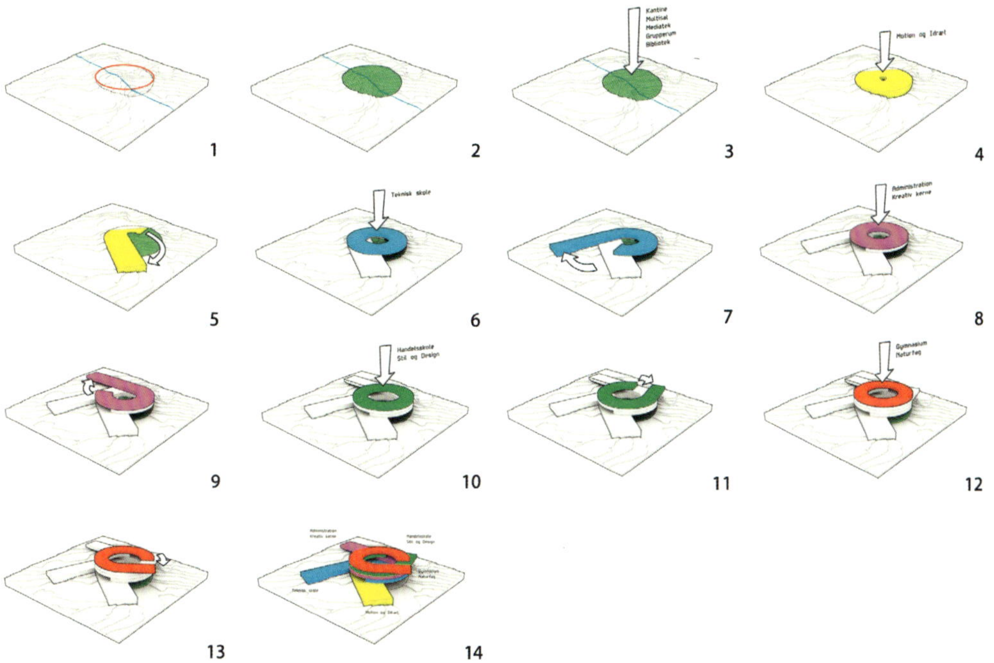
Kantine
Multisal
Mediatek
Grupperum
Bibliotek
Motion og Idræt
Teknisk skole
Administration
Kreativ kerne
Handelsskole
Stil og Design
Gymnasium
Naturfag
1
2
3
4
5
6
7
8
9
10
11
12
13
14

▲ 逻辑推导法

8 设计价值的 3 个层级

设计价值的高低主要体现在满足用户不同程度的需求。

（1）基本价值

不需使用者提出而提供能满足常规需求的设计。

（2）期望价值

在基本价值基础上，提供满足使用者预期需求的设计。

（3）意外价值

完全超出使用者预期的设计，包括突破性解决设计问题或者具有思想情感表达的设计。

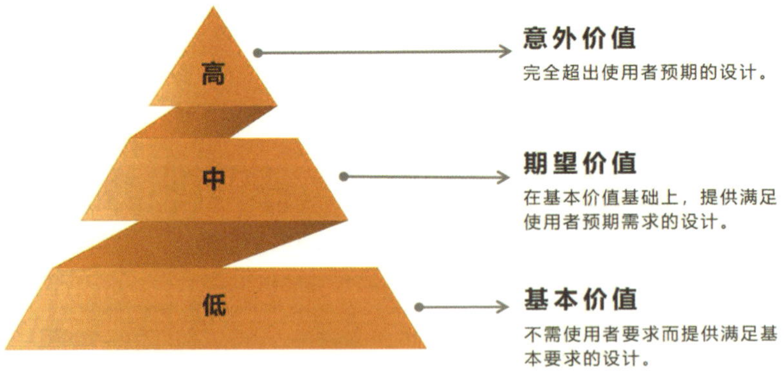

▲ 设计价值的 3 个层级

9 可持续性设计的 3 个层面

可持续性设计是以建筑本体为应用核心，以被动式手段为优先选择，以主动式手段为优化完善的设计。

（1）建筑本体层面

通过建筑本体层面设计达到对自然气候、场地环境的适应与防护，是可持续性设计的根本，具有环境适应性强、成本代价小、健康的特点。其根本原则是适应、防护和环保。

（2）外部因素层面

通过被动式设计方法的应用实现对外界有利环境因素的利用，主要特点是效果较为粗放，内外交流性强，成本低，自然健康。其根本原则是趋利避害。

（3）内部因素层面

通过主动式设计方法的调控实现内部空间环境的精确控制，主要特点是效果快速精准，内外闭合性强，成本代价大，健康影响大。其根本原则是节约、高效。

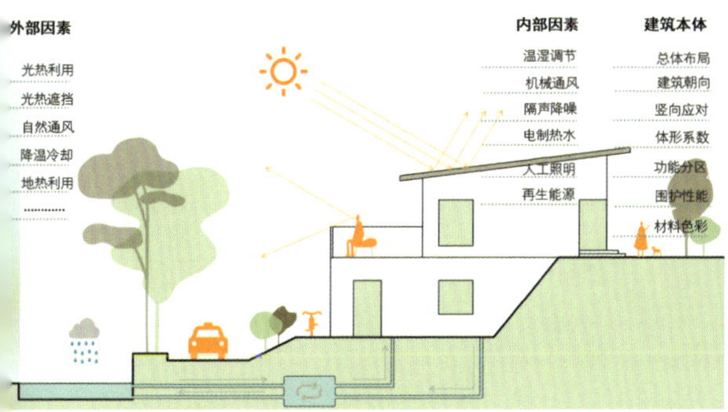

▲ 可持续性设计的 3 个层面

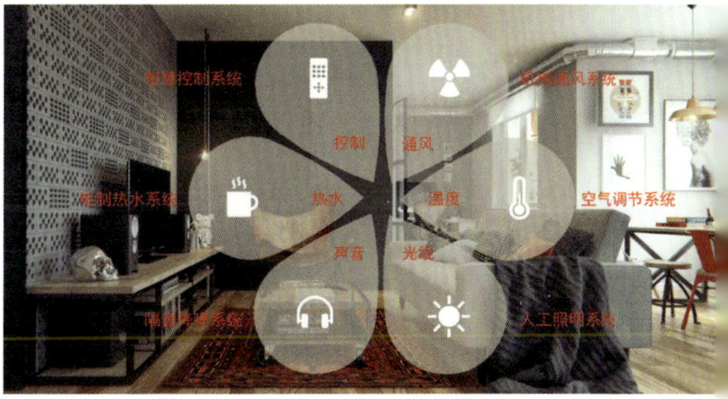

▲ 不同层面可持续设计的综合运用

10 绿色建筑设计的 5 个原则

绿色建筑设计的核心是遵守趋利、避害、节约、增效和环保的原则。

（1）趋利

针对气候、场地环境和资源条件等内外环境的有利条件，从总平面、单体和细节构造 3 个层面进行充分利用。

（2）避害

避开外部环境的不利或者有害条件，包括不利气候、不利环境条件、场地不良地质、洪水线等，如污染源、噪声源、危险源等。

（3）节约

设计具有节能、节地、节水、节材的特征，而使用者具有节约行为意识。

（4）增效

建筑本身具有高性能特征（高性能围护结构、能量生产等），建筑设备系统具有高能效特点。

（5）环保

减少建设过程中对场地环境的破坏，运行过程中对外部环境影响小；内部空间环境健康环保。

▲ 绿色建筑设计的 5 个原则

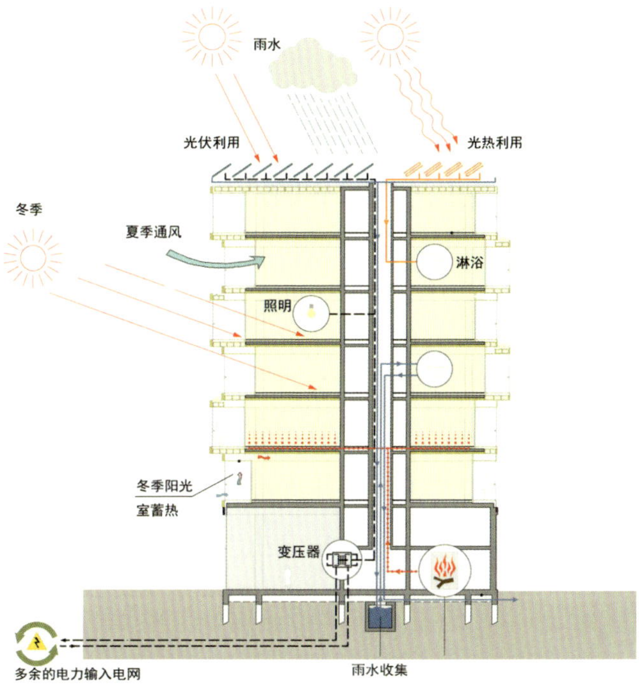

趋利：夏季自然通风；冬季蓄热增加阳光进入；利用光伏发电照明；利用光热产生热水
增效：高性能建筑（围护结构、门窗等）、高效能设备（空调、照明等）

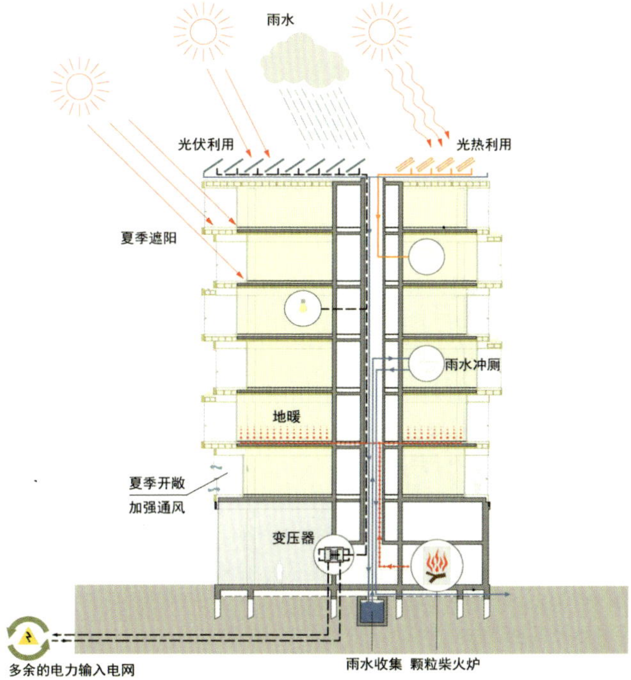

避害：夏季遮阳减少热量进入；减少冬季通风　节约：节水、节地、节能、节材等节约意识
环保：低环境影响、低影响开发，内部环境健康环保

▲ 绿色建筑设计 5 个原则的应用方式

11 建筑文化的 2 种体现

文化是能够被传承和传播的国家或民族的价值观念、生活行为规范、科技文化知识等。按照文化冰山理论，文化可分为显性和隐性两部分。显性文化包括建筑、艺术、音乐、语言等，隐形文化包括信仰、习俗、价值观、时间和空间观念等。

（1）显性建筑文化

主要体现建筑风格（建筑形式和建筑特色）、空间布局（街区肌理、街巷空间、合院组合、空间布局等）、材料色彩、构造装饰和建造技术等。

（2）隐性建筑文化

支持显性建筑文化建造的人类某个族群的历史、风土人情、传统习俗、生活方式、宗教信仰、艺术、伦理道德，以及法律制度、价值观念、审美情趣、精神图腾等。

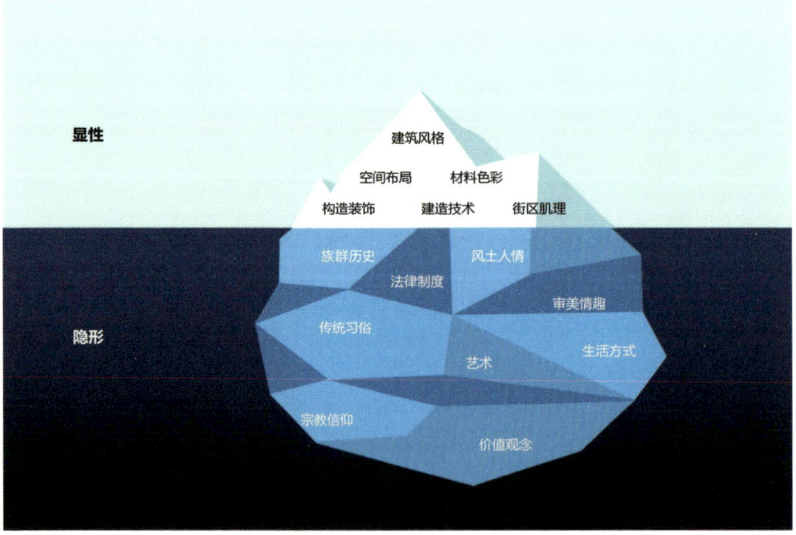

▲ 建筑文化的 2 种体现

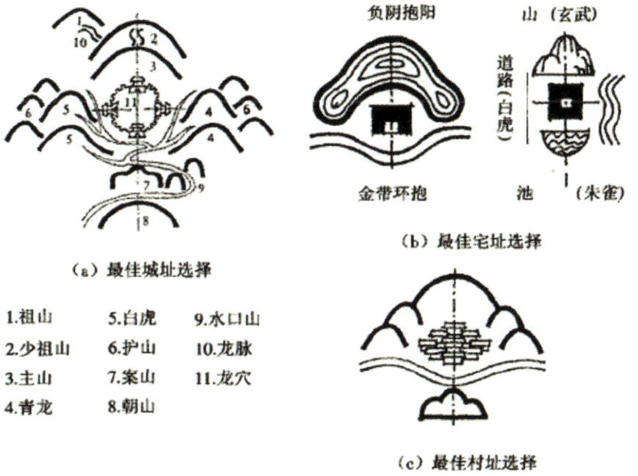

▲ 尊崇自然

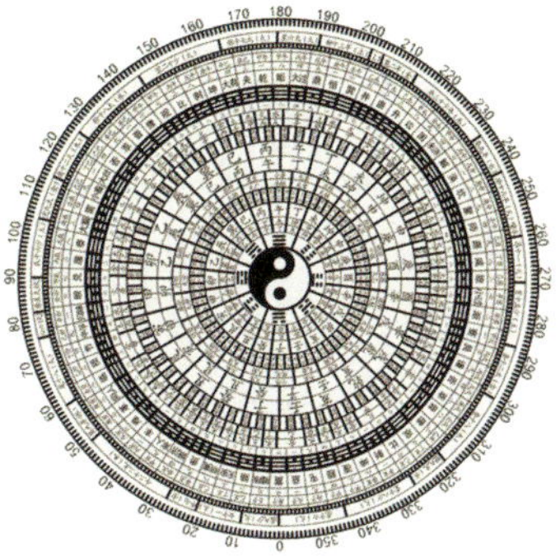

▲ 天人合一

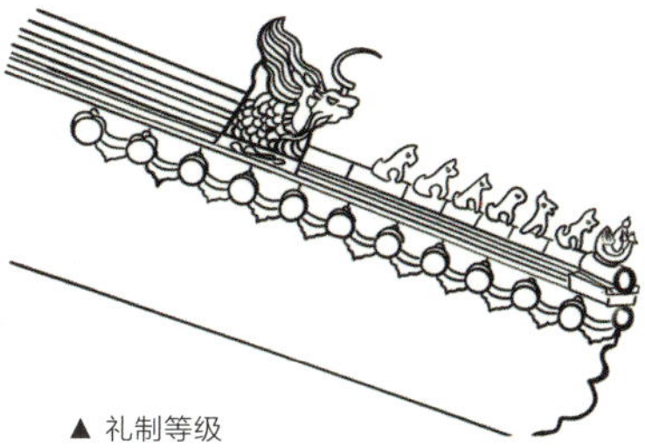

▲ 礼制等级

▲ 颐和园

▲ 菊径村

屋脊兽

◀ 中国传统建筑文化

12 建筑场所感的 3 个特征

场所感是通过建筑的物质空间唤起人们的精神共鸣，反映了在特定地点中人们的生活方式、历史文化以及环境特征等。使用者通过生理感受感知物理空间，通过心理感受感知精神氛围。

（1）具有认同感的空间氛围

对使用者有意义的空间才能让其有归属感和认同感。不同的场所有不同的空间氛围，这种氛围体现了场所的独特性或者个性，它与使用者的共同既有经验或者记忆有关。如纪念性（沉重、压抑、黑暗、安静等）、神圣（渺小与崇高、光明与黑暗）、艺术、静谧等氛围类型。

宗教建筑的空间氛围感

大小对比　　明暗对比　　色彩对比

▲ 具有认同感的空间氛围

（2）具有可识别性的空间形象

主要是通过熟悉的场景和视觉形象，体现地域文化和生活方式特征，让使用者产生亲切感和联想，即通过运用显性符号把情感转变成使用者能感知的东西。

地域性的空间形象

传统建筑材质　　传统屋顶形制　　传统建筑立面

▲ 具有可识别性的空间形象

（3）具有共鸣感的空间体验

空间氛围需要体验才能产生并与使用者的既有经验产生共鸣，空间氛围需要通过具体可感的场景和要素，如光线、色彩、材料以及形式符号等视觉感知元素来体现。体验包括物理层面和心理层面两种。

物理空间体验：感受空间的贴切表达（与场地环境贴切，和建筑性质贴切，建筑尺度贴切宜人）。

心理空间体验：对氛围和形象的综合感受，只要与人本身具有的既有经验有交叉，就能引起共鸣共情。

做法：转译、隐喻和叙事性表达是设计者表达设计理念和人们领悟建筑主题的主要方式。另外，通过限定明确的边界或与外界环境的围合隔离，塑造具有贴切空间的自身小环境，以满足使用者体验场景需求目的（烘托渲染，起承转合、多感官要素体验）。

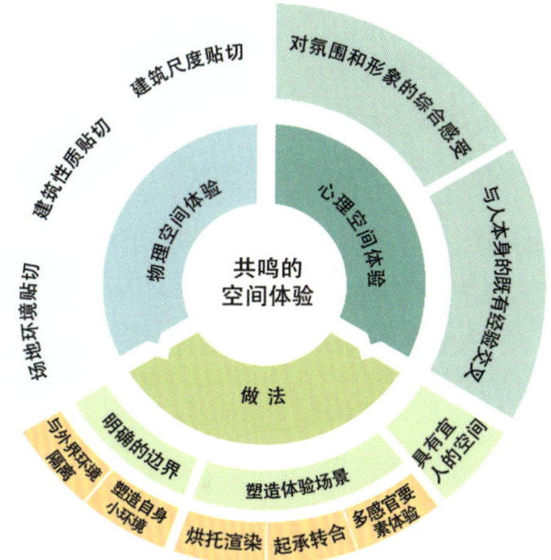

▲ 共鸣空间体验

▲ 具有共鸣感的空间体验

13 建筑类型学的 3 种设计体现

类型学是传承、延续既有建筑经验的基本设计方法，主要通过对既有建筑进行抽象提炼来提取普适、成熟的做法。

（1）功能类型学

功能类型学是以建筑不同使用功能为基础的分类方式，反映了不同时期、地域和使用需求的特征，主要体现在在空间布局模式方面。例如中国传统街区肌理、各种民居建筑合院式布局等。

（2）形式类型学

所谓形式类型是指以形式特征为依据进行的形式分类、构成、转换及组群形式研究。例如中外传统建筑立面的三段式做法、不同的屋顶形式等。

（3）技术类型学

支持功能和形式生成的技术层面经验做法。例如中外传统建筑的斗栱、柱式、结构体系等。

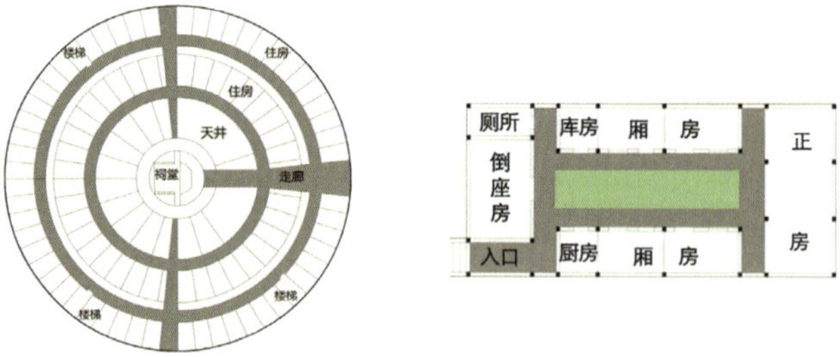

功能类型学

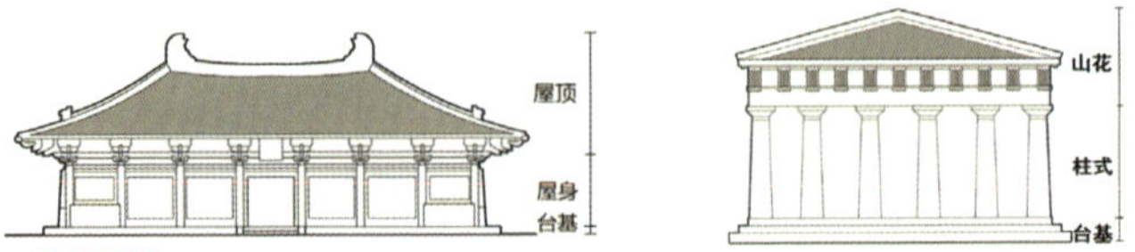

形式类型学

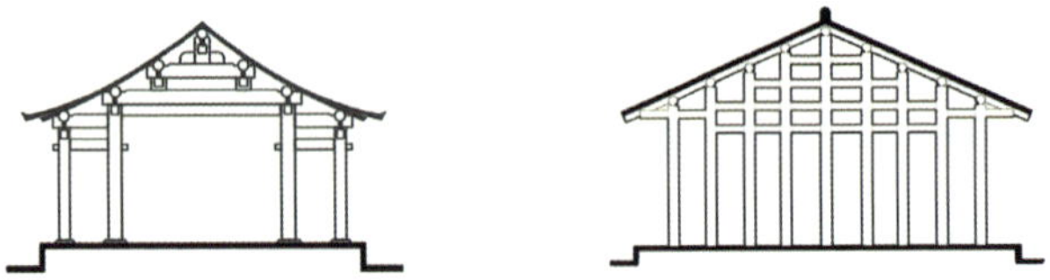
技术类型学

▲ 建筑类型学的 3 种设计体现

PART 2

第二部分

规划及总图

14 城市道路的 4 种等级类型

城市道路根据其级别不同分为快速路、主干路、次干路和支路。主要区别是行驶速度、道路宽度和道路功能（前两者以城市交通功能为主，后两者以服务周边用地为主）。

城市道路主要构成

道路等级类型	快速路（不含辅路）	主干路	次干路	支路
功能	机动车长距离快速出行	城市功能区之间的连接	主干路之间的连接	地方性交通
速度（km/h）	60 ~ 100	40 ~ 60	30 ~ 50	20 ~ 30
红线宽度（m）	25 ~ 40（4 ~ 8 车道）	40 ~ 50（4 ~ 8 车道）	20 ~ 35（2 ~ 4 车道）	14 ~ 20（2 车道）
横断面组成	机动车道、隔离带、绿化带	机动车道、隔离带、非机动车道、人行道、绿化带	机动车道、隔离带、非机动车道、人行道、绿化带	机动车道、隔离带、非机动车道、人行道。绿化带可不设

注：机动车道最小宽度一般为 3.5m，非机动车道最小宽度一般为 2.5 ~ 3.0m，人行道最小宽度一般为 2.0m，绿化带最小宽度一般为 1.5m。

15 居住区内道路的 3 种基本等级

居住区内道路有 3 种基本等级，包括居住区道路、居住街坊道路和宅间路。

居住区内道路基本等级

道路等级类型	居住区道路（支路）	居住街坊道路（附属路）	宅间路
功能	城市道路，满足机动车出行、消防、救护、搬家、垃圾运输	内部道路，满足机动车出行、消防、救护、搬家、垃圾运输	内部道路，人行为主，兼顾消防、救护、搬家
构成	机动车道 + 人行道	机非混行	非机动车道为主
宽度（m）	14 ～ 20（红线宽度）	4	2.5

16 城市道路网密度

道路网密度反映了城市的交通通行能力和便捷程度。道路面积约占城市总用地面积的20%，城市道路网密度标准一般为8km/km^2。

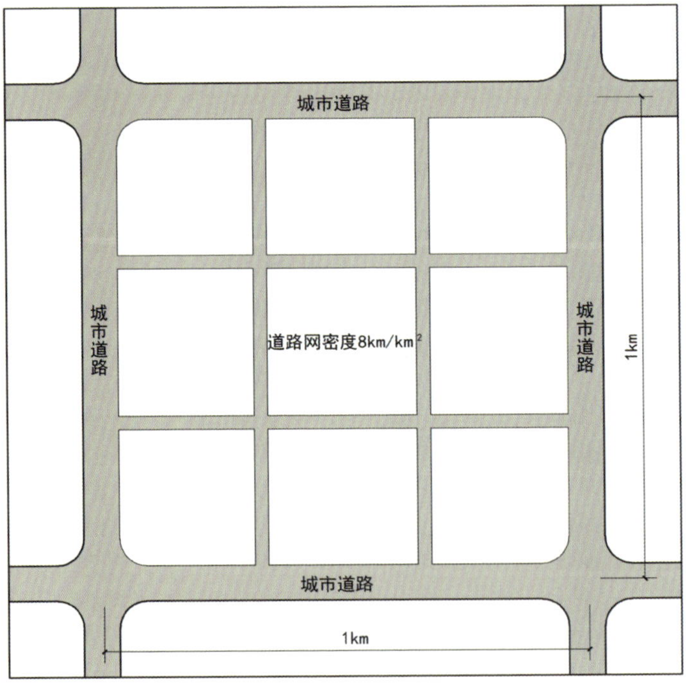

▲ 城市道路网密度

17 城市规划的 5 个控制线

城市规划中有 5 种最常见的法定控制线，也就是“城市规划 5 线”：红线、绿线、蓝线、紫线和黄线。

（1）规划红线

包括用地红线、道路红线和建筑红线。对红线的管理，体现了对容积率、建筑密度和建筑高度等的规划管理。

（2）规划绿线

是城市各类绿地边界范围的控制线，绿地类型包括城市公园绿地、防护绿地、生产绿地、附属绿地和其他绿地等。

（3）规划蓝线

指用于划定较大面积水域、水系、湿地、水源保护区及其沿岸一定范围陆域地区保护区边界的控制线，包括河道水体、两侧绿化带以及道路的宽度。

（4）规划紫线

用于界定文物古迹、传统历史街区等保护范围及建设控制地带的控制线。主要目的是严格保护紫线范围内的建筑，不得进行与之不相关的其他建设。

（5）规划黄线

用于划定对城市发展全局有影响的、城市规划中确定的、必须控制的城市基础设施用地的界线。基础设施包括城市交通、供水排水、燃气、热力、供电、消防、邮政等 11 类保障城市正常运转的设施。

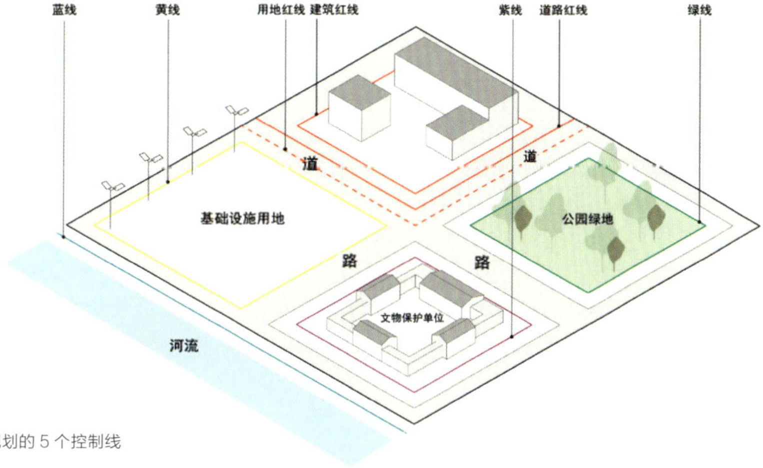

► 城市规划的 5 个控制线

18 规划层面分析“三定”

通过分析规划层面要求（上位规划及规划设计条件），确定建设项目的各种定位或指标分配要求，以此指导建筑设计的开展。

（1）定性质

明确规划层面对建设项目场地相关控制性要求，包括明确建设用地性质、边界范围、周边环境及业态状况、交通道路性质、出入口设置要求、配套设施状况等。

（2）定方向

明确规划层面对建筑设计大的方向要求，例如建筑形式、体量、风格要求，建筑色彩要求，海绵城市要求，绿色建筑要求，装配式建筑要求，人防要求，其他环境要求等。

（3）定指标

明确规划层面对建设项目相关指标性要求，如容积率、建筑密度、建筑控制高度、绿地率、建筑退让红线距离、停车数量及需要配置的其他公用设施规模及内容等。

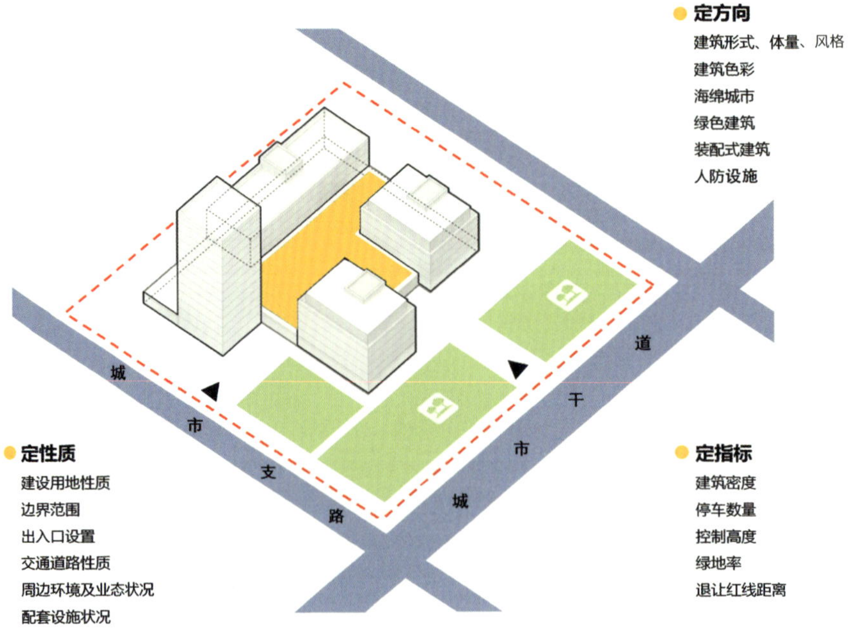

▲ 规划层面分析“三定”

19 场地出入口的确定原则

场地出入口是从城市道路进入建设场地的关键节点，需要满足机动车（日常使用、消防救护等）、非机动车和行人通行使用要求。

（1）选址宜支不宜干

一般将机动车出入口开在城市支路上，不宜开设在主干道、快速路上，否则会影响城市交通。

（2）数量宜双不宜单

除小型建设场地可设一个出入口外，大型建设用地及人员密集建设场地必须设主次两个出入口，同时两个出入口应分散设置。

（3）位置宜退不宜突

出入口宜适当退后道路红线并设置一定的缓冲空间。特别是人员密集的公共场所（政府机关、学校、医院、体育馆等），设置缓冲空间能满足等候、接送等临时停放需求。

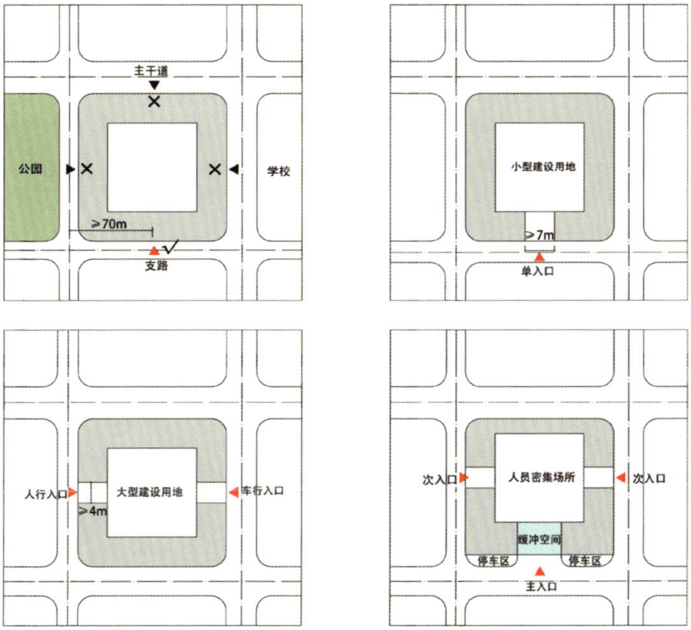

▲ 场地出入口的确定原则

20 坡地地形的 4 个处理措施

为减少用地填挖土方量，坡地类型的场地处理措施主要有 4 个：

（1）填平场地

适合坡度小的场地，以填方为主，根据建筑占地大小可采用筑填、单层平台、错台等方法。

（2）挖平场地

适合坡度中等的场地，以挖方为主，根据占地大小可采用单层平台、两层平台、多层平台等处理，建筑与地面接地方式可采取掉跌、错层、掉层等方法。

（3）填挖结合

适合坡度中等的场地，通过填挖结合的方式打造一层或多层平台，土方基本平衡，建筑与地面接地方式可采用覆土、掉跌、错层、掉层等方法。

（4）保持场地

适合坡度较大的场地，通过保持场地原始状态，建筑与地面接地可采用架空、悬挑、吊脚、附崖等处理方法。

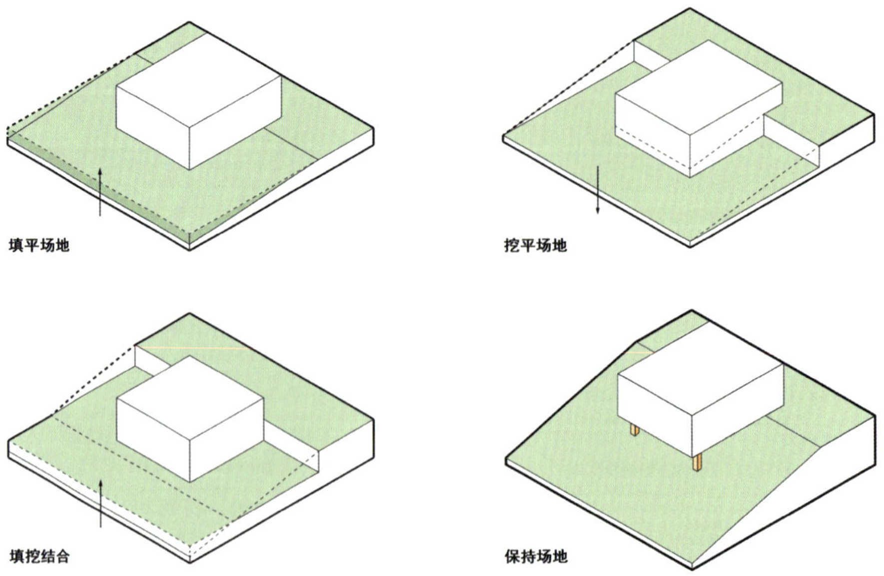

▲ 坡地地形的 4 个处理策略

21 山地建筑设计的五宜五不宜原则

建筑大师赖特说："我们从不建造位于山上的建筑，而是属于那山的。"

（1）宜散不宜聚

山地建筑采用分散式布局做法能减少开挖量和对景观环境的影响。

（2）宜藏不宜露

山地建筑形体宜隐藏而不宜暴露，包括布局的分散、形体的伏藏和颜色的协调。平面布局可采用覆土式、分散式、错台式等。

（3）宜伏不宜立

山地建筑宜采用贴伏大地的水平方向的处理方式，而不是竖向体块。

（4）宜透不宜堵

较长、较大的建筑应分段、分块处理，留出景观通道，或者前后高低错落形成多个层次，以减少视线遮挡和实现均质性。

（5）宜曲不宜直

顺应地形的布局要求使山地建筑自然形成曲、折的体块组合。

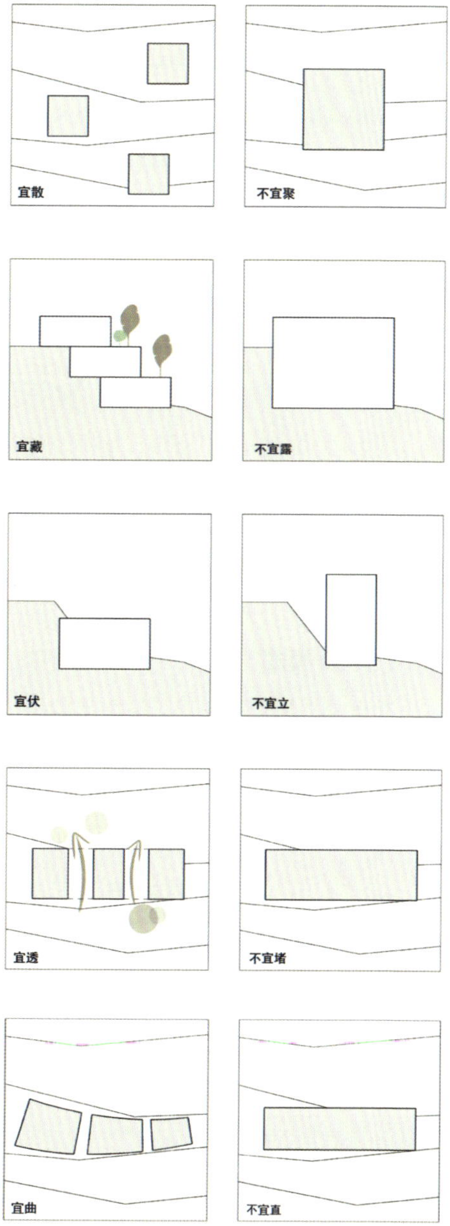

▲ 山地建筑设计的五宜五不宜原则

22 新城市主义的 2 个开发模式

（1）TOD 模式

即公共交通主导开发模式，1993 年由美国学者考尔索普（Calthorpe）提出，适合新城区域开发。以轨道交通站点为中心布置商业、市政设施等，以 400 ~ 800 m（5 ~ 10 分钟步行路程）为半径进行高强度开发，形成同时满足居住、工作、购物、娱乐、出行、休憩等需求的多功能社区，实现生产生活生态高度和谐统一。

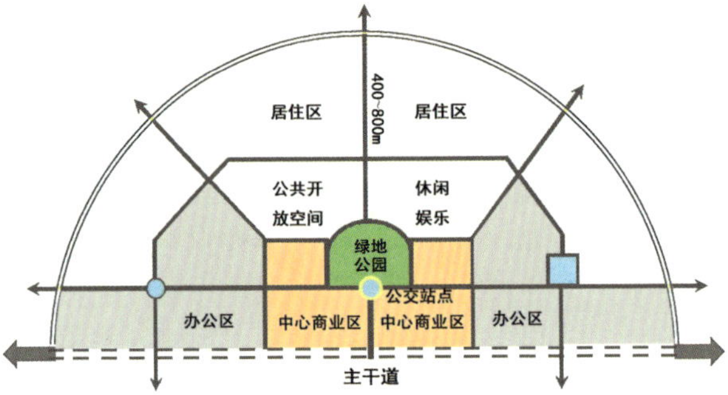

▲ 新城市主义的 TOD 开发模式

（2）TND 模式

即传统邻里开发模式，由安德雷斯·杜安伊（Andrés Duany）和伊丽莎白·普拉特（Elizabeth Plater）夫妇提出，认为社区的基本单位是邻里，邻里之间以绿化带分隔。每一个邻里的规模大约为 5 分钟的步行距离（半径约 400m）；单个邻里的规模应控制在 16 ~ 80 hm^2 的范围内；公共建筑、公交站点都布置在中心，大部分家庭到邻里公园距离都在 3 分钟步行范围之内；每个邻里包括不同的住宅类型，适合不同类型的住户和收入群体。

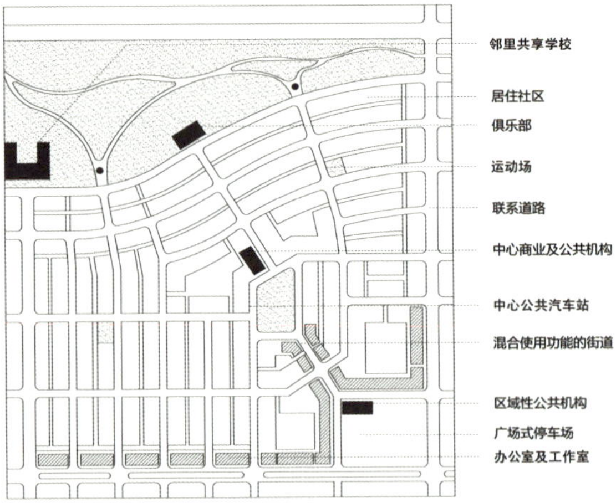

▲ 新城市主义的 TND 开发模式

23 新城市主义的 5 个原则

新城市主义推崇回归传统城市形态，提出以人为本的设计思想，即通过建设紧凑、功能混合、适宜步行的邻里街区，重塑多样化、人性化、邻里化的传统生活氛围。

（1）交通的可步行性

街区的尺度控制在长约 180 m、周长约 550 m 以内；内部为 10 分钟网格状步行交通网络，外部有便捷的公共交通。中心商业街尽量为步行专用街，地下停车以及沿街边停车均可。

（2）功能的多样性

一是土地具有混合的使用功能，可建设住宅及配套的公共设施，办公、娱乐、商业和服务等多种功能设施是混合在一起的；二是人口和住宅类型的多样性。

（3）建设的紧凑性

新城市主义强调高密度和一定高强度的建设，例如，TOD 类型开发强度普遍大于 2.0，住宅用地比例超过 50%。

（4）氛围的邻里性

在中心位置安排市政建筑或社区公共建筑；小尺度的街区安排多种住宅形态，不同收入的人能彼此产生联系。

（5）居住的舒适性

通过多方面手段提高居住的舒适性。例如采用宜人的空间尺度使人们感觉舒适，工作或购物点距离控制在步行 5 分钟范围内，内部设置高品质生活环境，中到低层建筑，建筑间具有连续、统一的街道界面等。

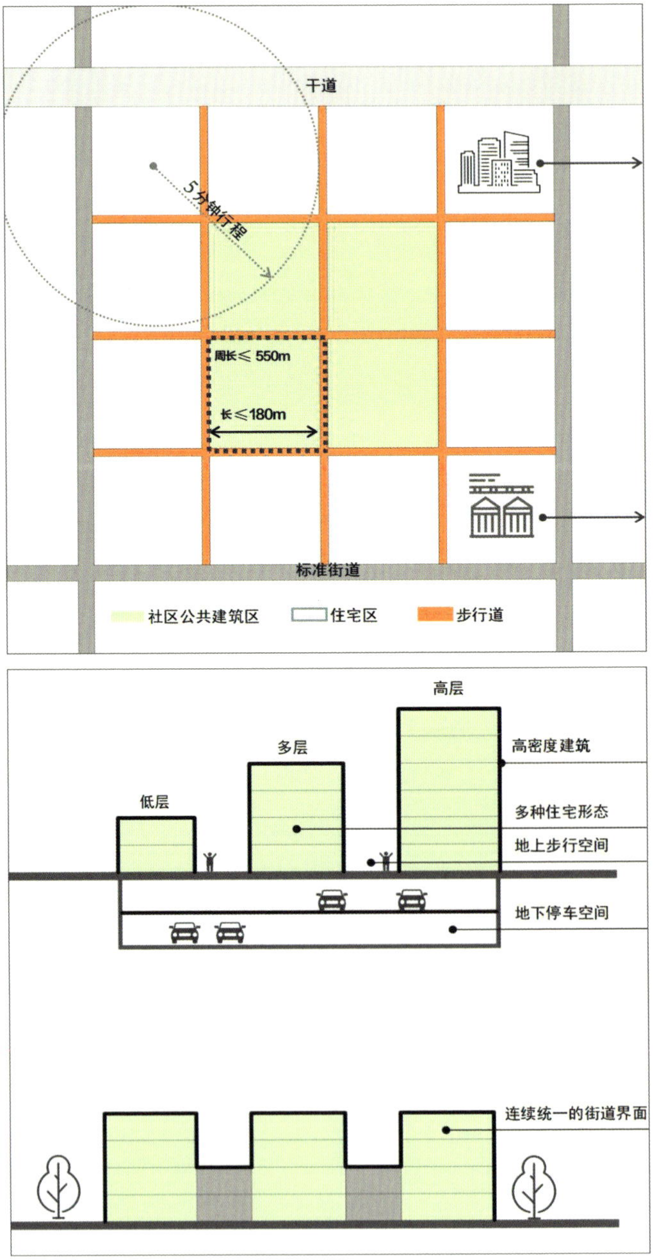
干道
5分钟行程
周长≤550m
长≤180m
标准街道
社区公共建筑区
住宅区
步行道
高层
多层
低层
高密度建筑
多种住宅形态
地上步行空间
地下停车空间
连续统一的街道界面

▲ 新城市主义的 5 个原则

24 5 分钟、10 分钟、15 分钟生活圈基础设施配置

完善的城市社区需要配置相应的基础服务设施，主要根据活动距离确定不同要求。

（1）5~10 分钟生活圈

心情愉快的 5 ~ 10 分钟步行距离为 300 ~ 500 m。配置的基础服务设施包括：养老方面设置的托老所，教育方面设置的幼儿园和小学，活动方面设置的文化站及小型运动健身场地，商业方面设置的商业服务网点等；行政管理方面设置的社区服务站等，其他方面设置的垃圾收集站、公厕等。

（2）15 分钟生活圈

15 分钟的步行距离约 800 ~ 1000m。配置的基础服务设施包括：健康方面设置的卫生服务中心、门诊部，养老方面设置的养老院，教育方面设置的初中，活动方面设置的文化中心及运动场地；商业服务方面设置的商场、菜市场、餐饮、银行等；行政管理方面设置的社区服务中心、街道办事处和司法所等，交通方面设置的公交车站等。

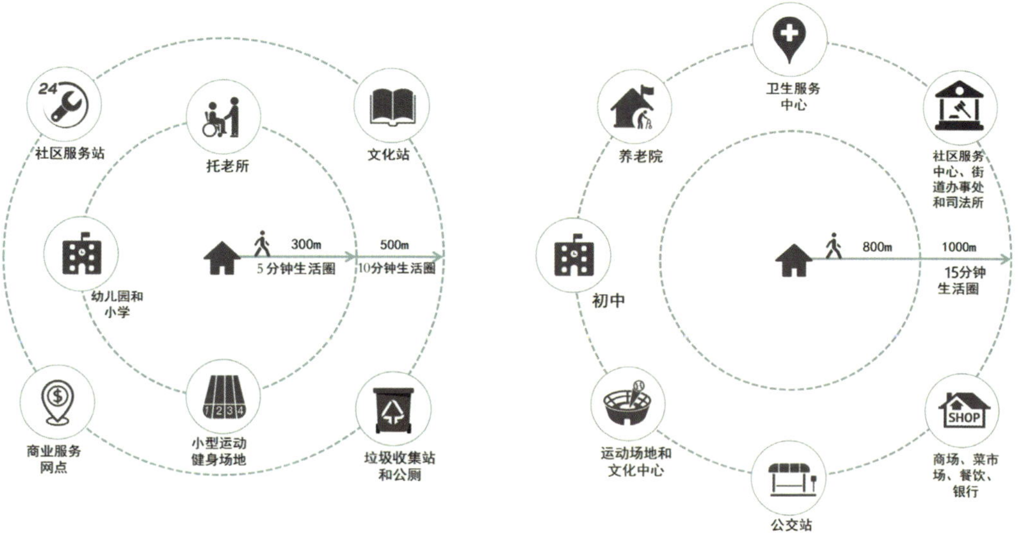

▲ 5 分钟、10 分钟、15 分钟生活圈基础设施配置

25 地域性建筑的 4 种倾向

地域性建筑是指回应某一地域的地形、地貌、气候等自然环境以及生活方式、文化习俗、宗教信仰等人文环境并符合地方技术经济条件的建筑。

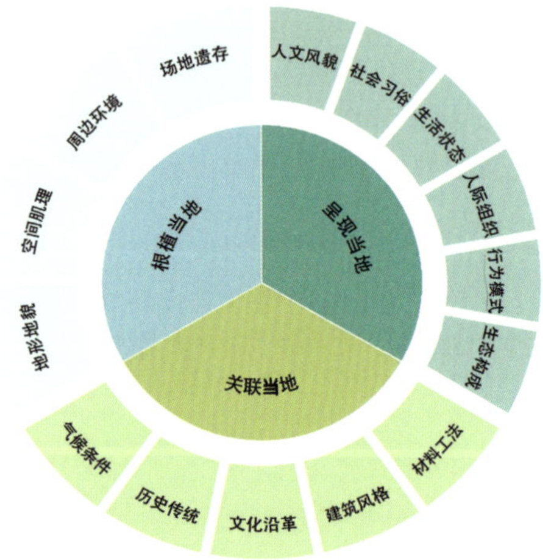

▲ 地域性建筑的 4 种倾向

（1）地域主义建筑

相对于缺乏地区特征的现代建筑国际式做法，特指具有某个特定区域特征和人性化特点的建筑类型。但由于其常盲目采用重组、拼贴做法，因此延伸出批判性地域主义。

（2）批判性地域主义建筑

由建筑学者亚历山大 · 楚尼斯（Alexander Tzonis）和利亚纳 · 勒费夫尔（Liane Lefaivre）在 1981 年首次提出。其核心理念是将现代建筑技术与反映地方气候、场地环境（地形、地貌等）、建筑传统（风格形式、空间布局、技术、材料、构造等）、文化和历史背景等地域特点的要素相结合，从而产生既有普遍性也有地方性的建筑。

▲ 布隆迪批判性地域性建筑

（3）在地性建筑

在地性是对中国台湾建筑师设计实践和态度的概括，其更强调建筑与具体建设场地、环境和社会文化背景的紧密联系，力求建筑做到“根植于地”（场地层面）、“呈现当地”（文化层面）、“关联于地”（地域层面）。主要采用拟仿的手法从当地自然环境与文化传统中提炼设计元素并将其应用到建筑中。

▲ 在地性建筑

（4）新乡土建筑

乡土建筑指的是乡村居民基于传统经验在乡村自组织建造的住所或其他建筑，通常使用传统技术、材料，符合当地生活习俗、方式和价值观念，空间形态具有单体相似、地域丰富特征和低技术特征。新乡土建筑则是当代建筑师基于传统乡土建筑进行现代演绎后的新建筑，体现了时代性和地域性，空间形态具有单体差异、地域丰富和高中低技术结合的特征。

▲ 新乡土建筑

26 城市更新的 3 个目的、3 个策略

城市更新的主要目的是改善空间品质、提升城市活力和延续场所精神。

（1）改善空间品质

包括提升环境品质（增设绿地、公共空间等）、完善物质功能空间（商业、休闲、娱乐等功能）和改善基础服务设施（例如道路交通、停车场、水电暖等市政设施）等。

（2）提升城市活力

主要通过人口结构的多样性、功能构成的复合性、环境空间的特色性和产业经济的刺激性等手段达到吸引更多人群，保持城市活力的目的。

（3）延续场所精神

城市更新的目的是延续城市历史，所以保持现有城市记忆是根本，由原来的大拆大建改为“留、改、拆”的更新方式。主要做法包括延续街区肌理及尺度、传承既有建筑风貌特色、挖掘文化及生活传统等。

达到城市更新目的的 3 个具体策略：

（1）轻介入

维护现有城市肌理，介入较少的必要基础设施，保留原有的物质、文化和社会特征。

（2）低建造

高效合理利用资源（充分利用现有资源、旧材料、地方性材料和植物等）并进行多功能和环境的高整合应用。

（3）少维护

微更新理念要求功能完善、设施齐全、符合人体工程学、社区和谐等，减少后期维护成本。

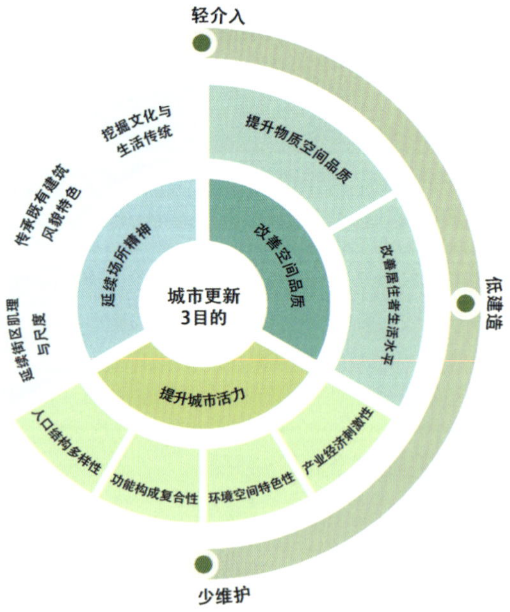

▲ 城市更新的 3 个目的、3 个策略

27 与历史风貌环境的 2 种协调方式

历史风貌保护环境中，新建建筑如何与现有环境保持协调是设计的要点和难点。在处理做法上主要有两种方式：统一式协调和对比式协调。

（1）统一式协调

即新建建筑和现有环境处理方法基本一致，主要采用修新如旧、新旧一体等方式。新旧建筑在肌理、体量、风格、形状、色彩、材料、细节处理等方面保持统一。

（2）对比式协调

即新建建筑采用和现有环境完全不同的处理方式，主要包括新旧并置、新旧包裹、新融入旧等方法。但需要注意的是，这种对比需建立在建筑布局、尺度、体量、高度、形式、材料等方面与现有环境有一定联系的基础上。

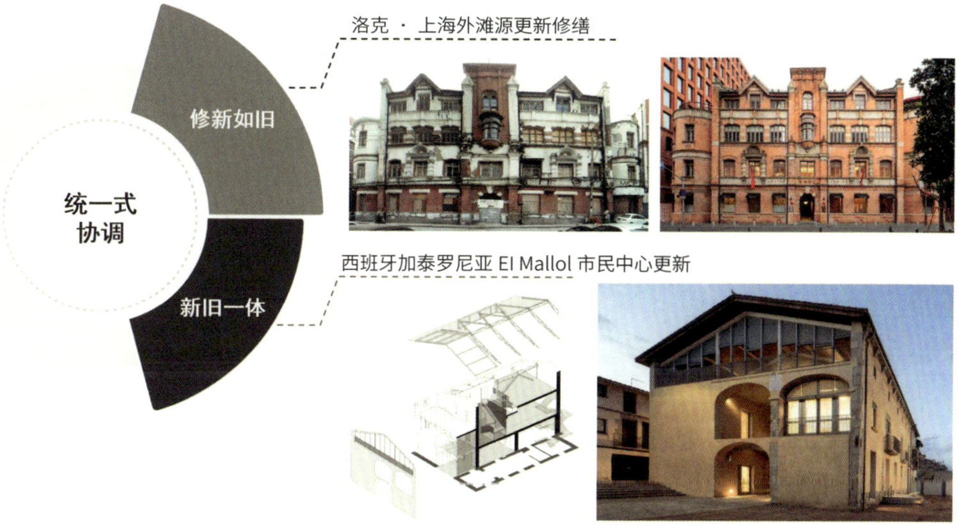

▲ 与历史风貌环境的统一式协调

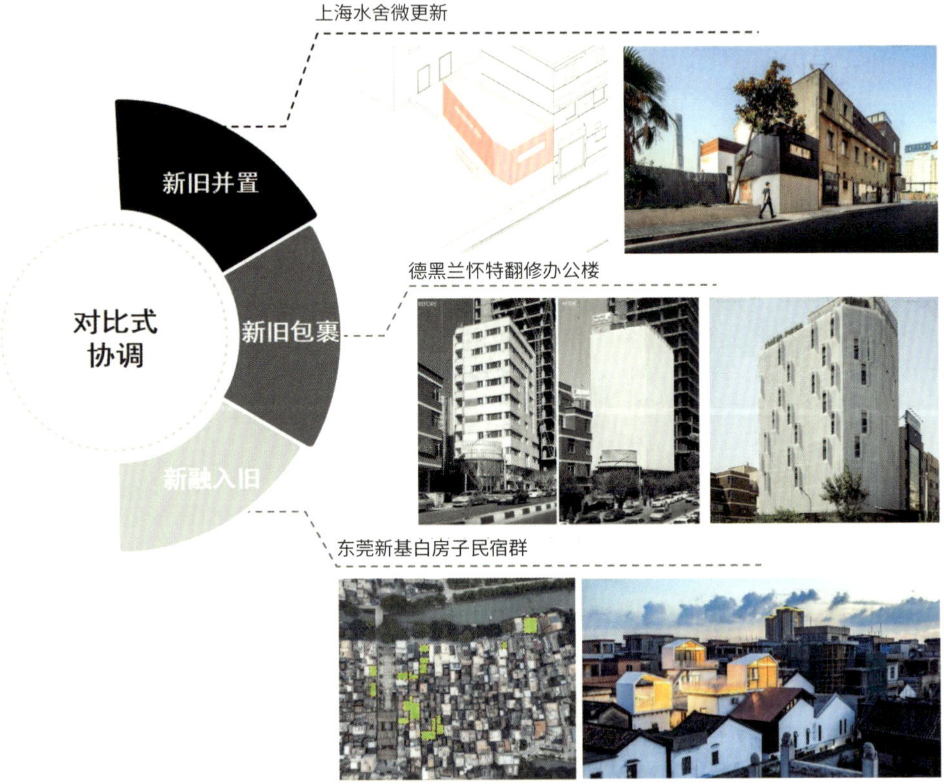

▲ 与历史风貌环境的对比式协调

28 城市更新中新旧建筑的 3 种关系

城市更新面临的关键问题是如何处理新旧建筑的关系。建筑师对于城市中原有建筑及环境应尽可能地尊重和考虑，使置入的新系统与原有城市环境、建筑形成一体。

（1）新旧一体

新旧一体指直接在原有建筑上进行修复或者加建，使建筑形成和谐统一整体。协调的主要方法包括前述的统一式协调和对比式协调。

（2）新旧包裹

属于对比式协调类型，主要有旧外包新和旧内植新两种。旧外包新指保留既有建筑不变，外部包裹新的表皮或者体块，达到更新保护的目的。旧内植新指保留既有建筑外部做法，内部植入新的功能和结构，达到重新利用的目的。

（3）新旧并置

新旧并置属于对比式协调类型，指保持既有建筑不变，在既有建筑旁边（或者上下）贴建或者叠建新建筑，达到增加规模的目的。

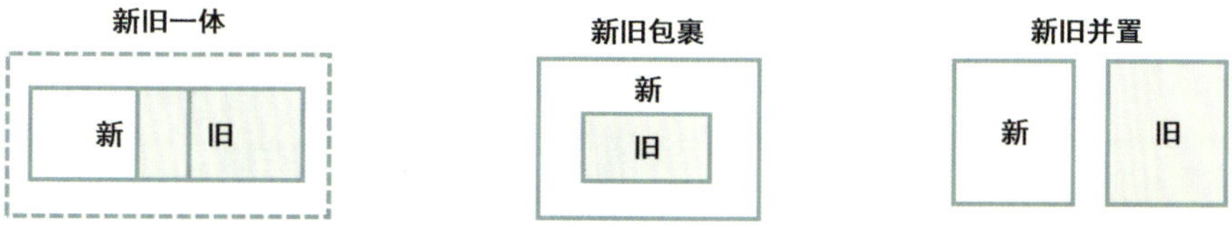

纽约赫斯特大厦　　波士顿证券交易大楼加建　　蒙特利尔加拿大皇家银行总部改造设计

▲ 城市更新中新旧建筑的 3 种关系

29 “城市针灸”的 4 个特征

“城市针灸”是城市更新的一种做法，由西班牙建筑师曼努埃尔·德·索拉·莫拉莱斯（Manuel de Sola Morales）提出。即对目标地区公共空间精准施加微小干涉手段，使之成为触媒，达到催化与激发活力、创造与生发多样性，从而对周边地区产生辐射、示范、干预和带动作用。其主要特点如下：

（1）更新尺度的微小性

选择某个微小尺度公共空间介入，如小广场、街道、小公园等，逐渐多点连线覆盖整个区域。

（2）更新问题的关键性

针对区域存在的关键问题介入，即找准本区域问题的“穴位点”。

（3）更新效果的引领性

问题解决方法的催化引领作用，增加了区域活力，进而对周边地区产生辐射带动作用。

（4）更新过程的渐进性

更新过程是由点到线、到网的渐进式更新过程。

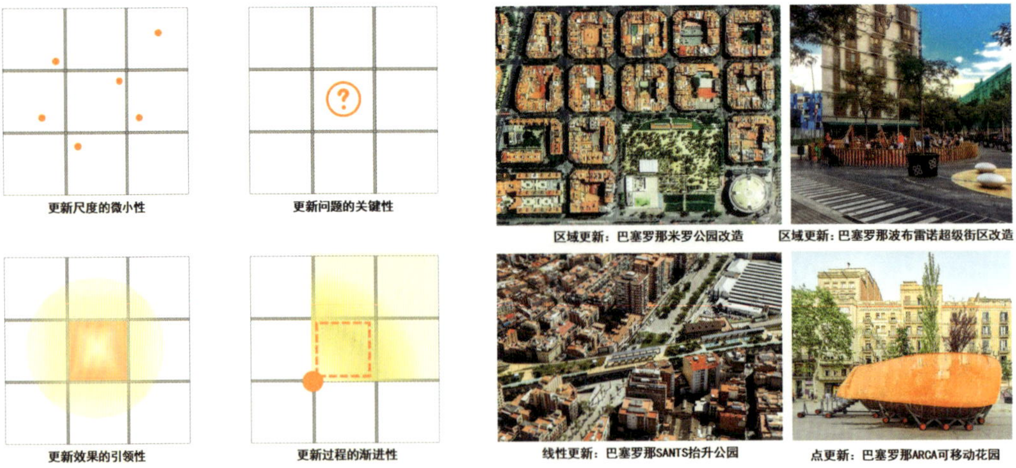

▲ “城市针灸”的 4 个特征

30 城市触媒的 4 个特征

城市触媒理论是 1989 年由美国建筑师韦恩·奥图（Wayne Atton）和唐·洛干（Donn Logan）在《美国都市建筑——城市设计的触媒》一书中提出的。

（1）触媒选择的贴切性

针对城市问题选择贴切的触媒类型。主要方式是充分考虑原有城市区域的价值，激发利用既有城市资源，将原有资源的潜在价值激活，或者嵌入外部触媒元素形成触媒点。

（2）触媒类型的特色性

触媒的类型包括两种：有形触媒和无形触媒。有形触媒有建筑、广场、功能业态、相关设施等，具体有点触媒、线触媒和面触媒。无形触媒包括文化、艺术、技艺、工艺、活动、政策等。

（3）触媒应用的系统性

触媒的应用要多类型、多层次，例如有形触媒和无形触媒元素的多类型应用，点、线、面结合的多层次应用。

（4）触媒作用的持续性

触媒作用路径要由点到面地持续作用，还要以多种触媒方式持续作用。

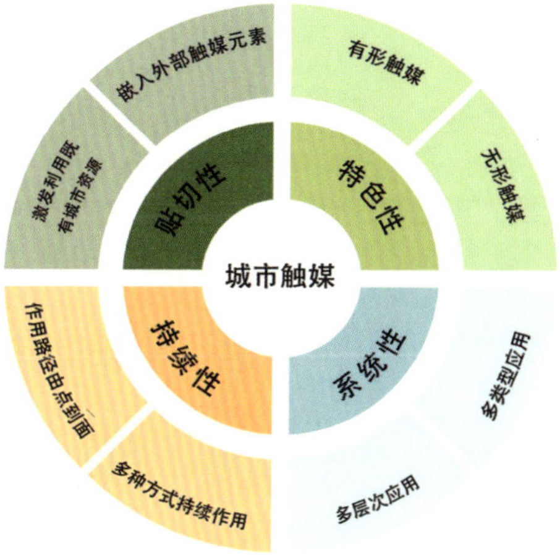

▲ 城市触媒的 4 个特征

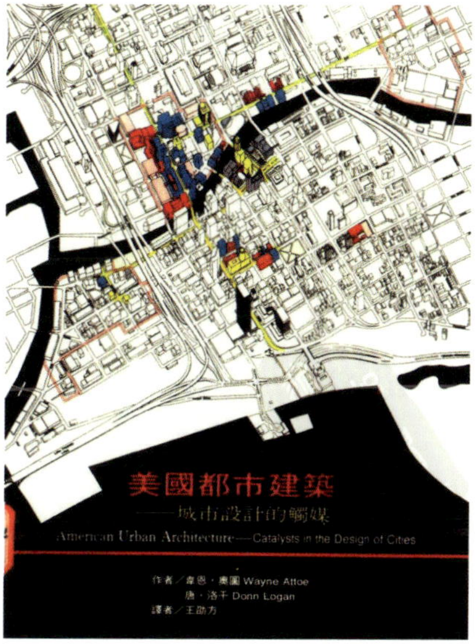

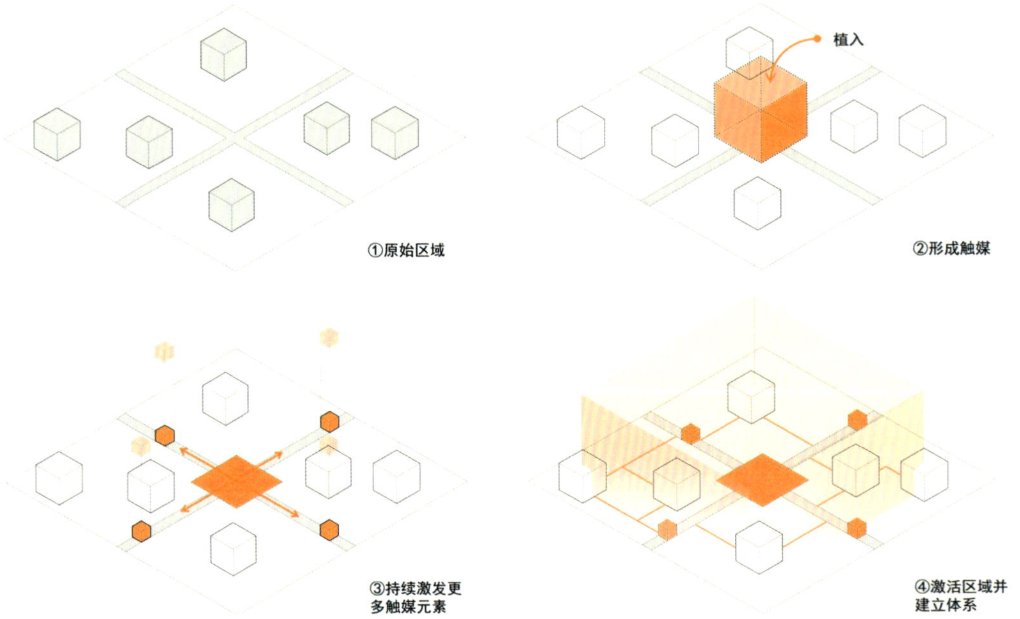

▲ 城市触媒的 4 个特征空间分析

31 城市设计的三大基础理论

由美国康奈尔大学的罗杰·特兰西克（Roger Trancik）教授在其著作《寻找失落的空间》中提出的研究城市设计的三大基础理论，主要内容如下。

（1）图底理论

即利用视知觉心理学中的选择性特征进行城市设计分析的理论。通过对实的建筑与虚的公共空间分别赋予黑白两色，并且进行反转，从而分析研究城市建筑与公共空间的关系，主要反映城市公共空间的围合感、积极消极性质和街道界面的连续性。良好图底关系的区域需要建筑密度超过 40%。

（2）联结理论

城市不同区域之间的交通路线、景观轴线、视觉通廊、序列空间等线性要素，共同构成城市的线性骨架网络。通过分析线性联结关系，获得城市的空间秩序和不同层级的节点视线连接，建立城市发展的结构骨架。

（3）场所理论

反映城市空间内在特质和特色的研究理论。通过结合场地自然、地域、社会、文化和人们需求等因素，提炼应用当地人们熟悉的建筑空间风格、形象，塑造出与人们既有经验共鸣的独特空间氛围，建成具有归属感和认同感的城市空间。

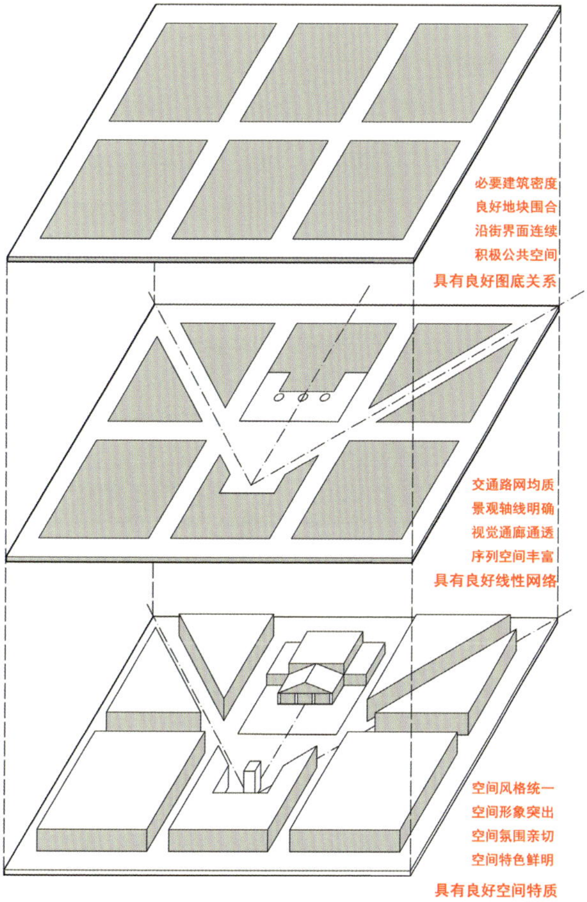

▲ 城市设计的三大基础理论

32 城市设计的 3 个定位

城市设计开始的前提是确定地块的定位，包括地块在城市中的环境定位、功能定位和形象定位。

（1）环境定位

主要目的是明确场地自然环境的承载力和需要保持或延续的自然、人文环境要素。重点分析地块在城市中的环境位置及上位规划要求，场地本身的自然环境特征，以及场地的现状、历史和文化等人文社会要素，以实现设计的可持续性。

（2）功能定位

主要目的是明确地块的用地性质、使用主体和主要功能业态。重点分析城市层面、周边环境条件和地块资源基础，明确地块“做什么”的问题，满足地块的可发展性要求。

（3）形象定位

重点分析上位规划要求、周边环境、功能性质、文化传统、地域气候等多方因素，确定地块的建筑风格形式、体量高度、色彩质感等形象要求，塑造地块的可识别性。

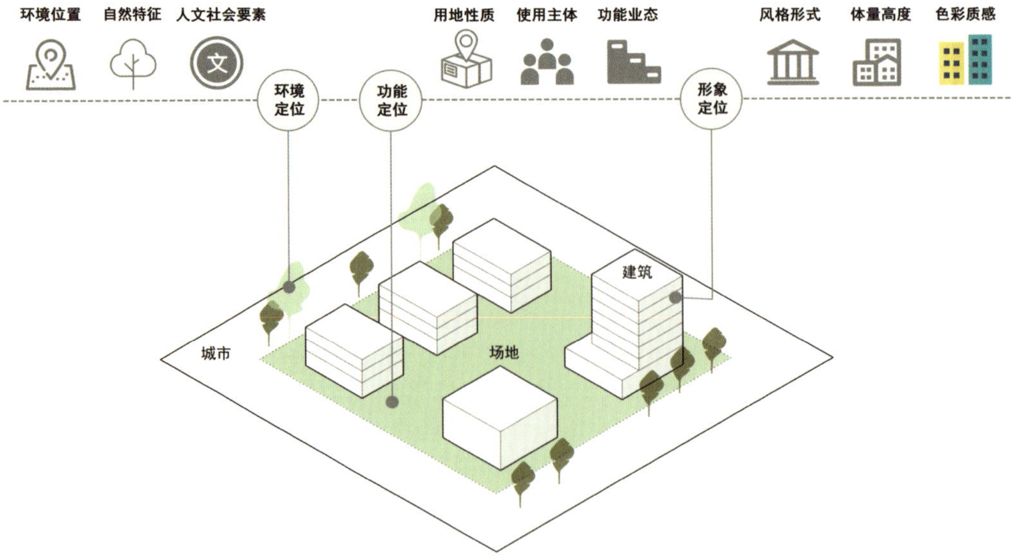

▲ 城市设计的 3 个定位

33 城市设计的 4 个原则

城市设计的目的是营造美好人居环境和宜人空间场所，实现途径需要遵循以下原则：

（1）可持续性

主要是环境、文化的可持续。例如，延续保留基地传统及现状要素，挖掘再现消失要素，连接环境既有与再现的要素等。

（2）可达性

主要为交通、景观的可达性。例如，设置清晰的交通路网结构，实现便利可达性；交通形式与场地环境适应。一般路网间距为中心商办区 150 ~ 200 m，居住区 250 ~ 300 m。

（3）可适性

主要为功能及空间尺度的适宜。例如，适宜的地块功能、规模及密度设置；适宜的布局形式及尺度，适宜的开放空间设置。

（4）可识别性

主要为地块形象的可识别性。通过创造独特的整体地块形象、氛围、标志物、天际线、色彩等，体现地块的特色。

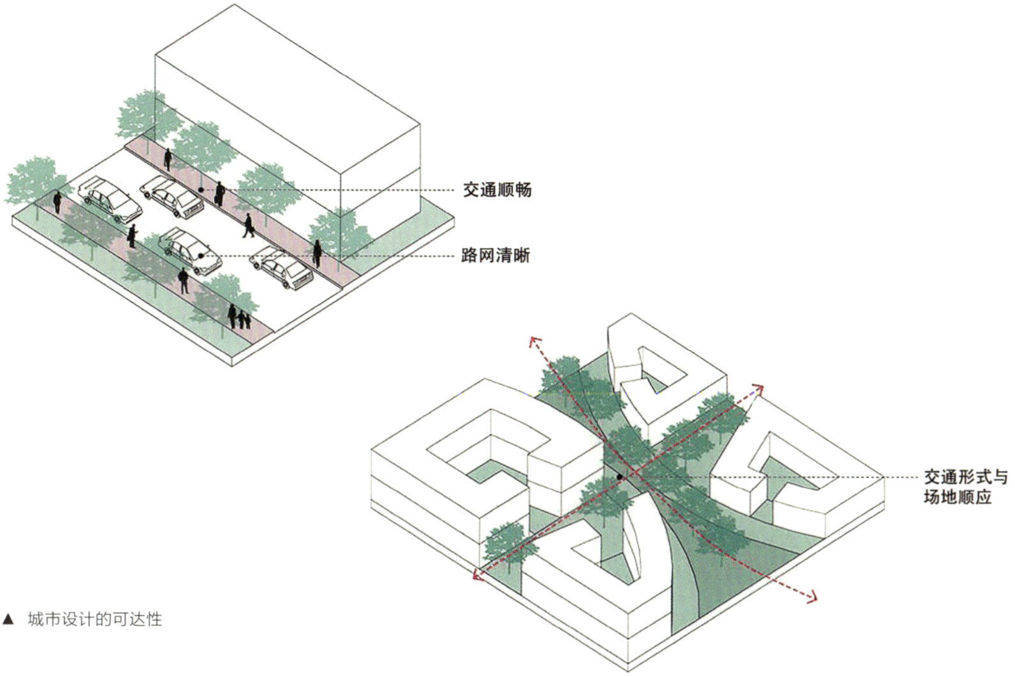

▲ 城市设计的可达性

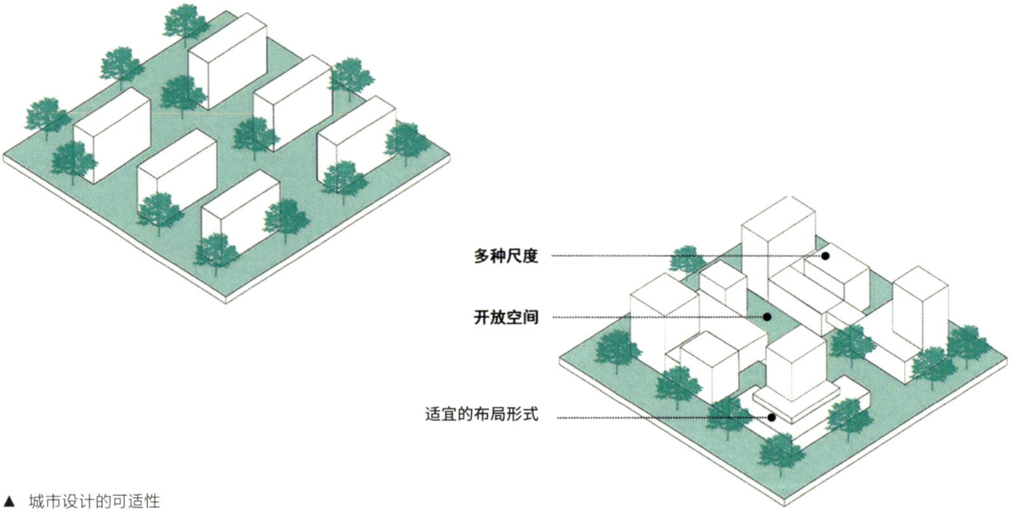

▲ 城市设计的可适性

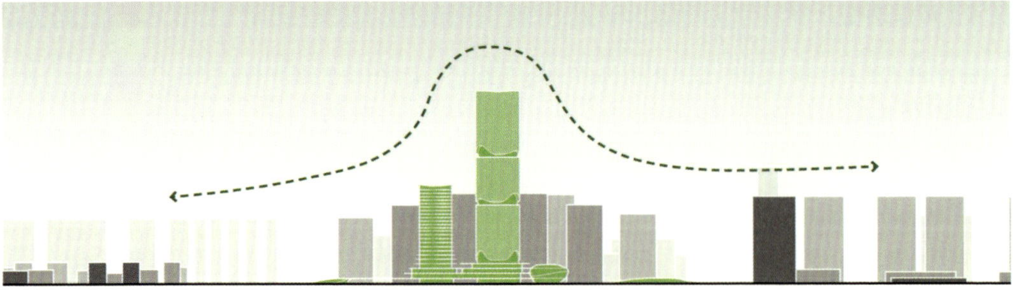

▲ 城市设计的可识别性

34 城市设计的 4 个控制要素

城市设计可认为主要由点、线、面和建筑形体等 4 个控制因素构成。

（1）点要素

指节点或者标志，一般位于道路交点或者转折处，是体现区域可识别性的关键要素。

▲ 城市设计的点要素

（2）线要素

第一个线要素主要指规划地块内部的道路交通网，是划分功能区域、形成地块规划结构的主要要素。

第二个线要素是规划地块边界轮廓线，反映了街道空间的连续性视觉环境感受，包括平面和立面两个层面。平面轮廓线通过功能区块的整体围合感和建筑贴线率等体现，立面轮廓线则指沿街建筑的立面天际线。

第三个线要素指不同标志、节点间的视线连接，是塑造地块空间品质和特色的关键。

第四个线要素指地块内的线性绿色空间，可以单独存在，也可考虑和视线连接结合。

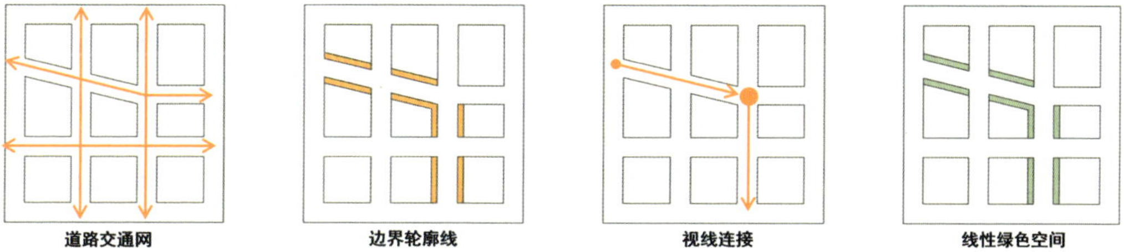

▲ 城市设计的线要素

（3）面要素

通过道路网划分地块形成的平面功能区块。每个区块需要明确的功能（产业、景观、公共空间等）和良好的图底关系。

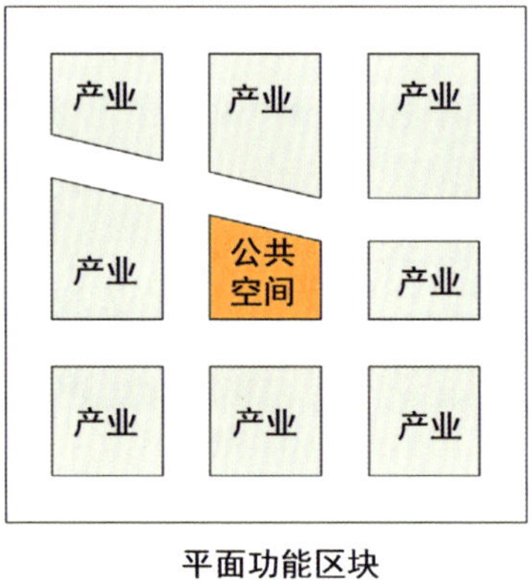

▲ 城市设计的面要素

（4）建筑形体要素

主要包括建筑体量（建筑高低、大小和形状等）和形式（风格、色彩和材料等）。

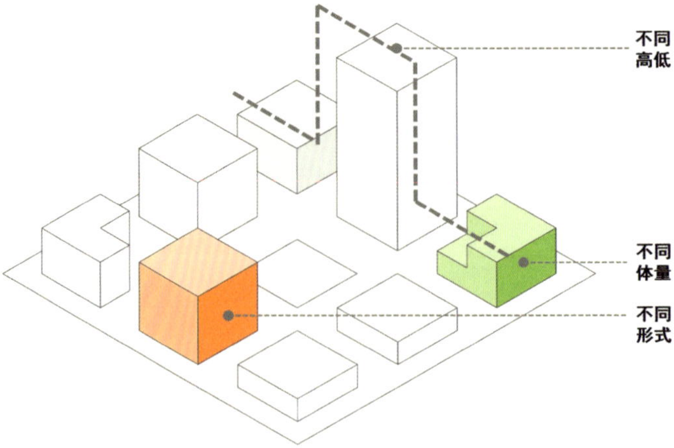

▲ 城市设计的建筑形体要素

35 总平面布局的“三适”原则

良好的总平面布局需要遵循以下“三适”原则：

（1）适应性

即布局需要适应环境和场地本身的特征。如适应地域气候、适应场地现状、适应地形地势，适应场地内外环境、适应场地形状等。

（2）适合性

即布局需要适合使用层面的要求。包括适合用地的性质、适合功能使用或工艺要求。

（3）适宜性

即布局需要适宜的体现。包括适宜的规模设置、适宜的布局形式和尺度以及适宜的环境氛围体现。

▲ 总平面布局的“三适”原则

36 影响建筑间距的 4 个因素

总平面布局中建筑间距的确定受到多种因素的影响，主要有以下 4 类：

（1）日照因素

对于居住类、教育类建筑及周围有类似建筑的场地，日照因素是确定建筑间距首先要考虑的要素，也是最易引起纠纷和不能突破的要素。

（2）安全因素

消防因素是所有建筑确定间距时必须考虑的第一安全要素，另外还包括管线埋设、防爆、高压电力、燃气、污染、结构、辐射、卫生等安全要求。

（3）视线因素

视觉卫生因素对于居住类建筑的影响较大，各地均会规定住宅间最小距离的要求。

（4）噪声因素

体育活动、外部道路、铁路等噪声因素对于生活类及教育类建筑影响较大，可采取加大距离、增加屏障、堆土隔声等措施。

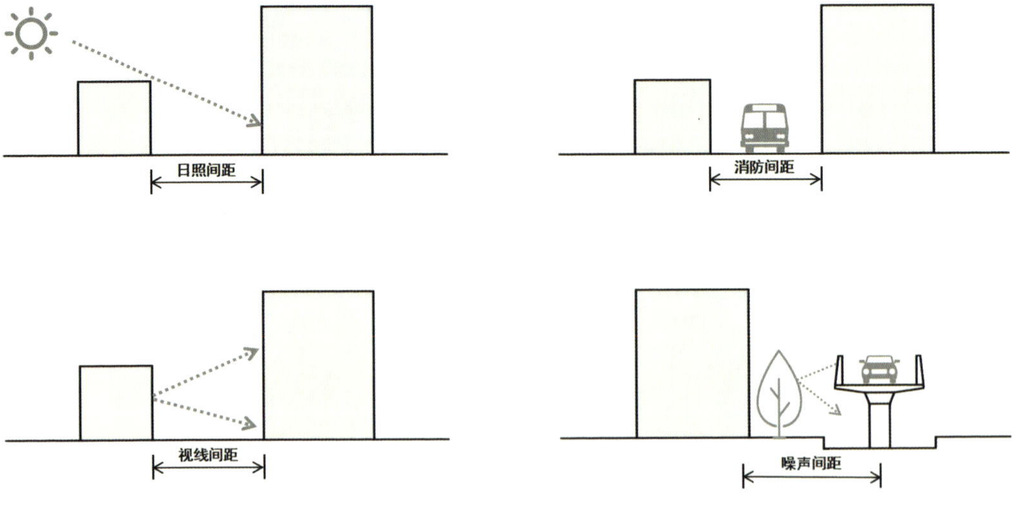

▲ 影响建筑间距的 4 个因素

37 街道转角处理的 4 种方式

城市街道转角处由于形象需要和机动车转弯视线、人员聚集等交通原因，需要特殊处理以满足安全及城市景观要求。

（1）直角处理

直角转角是一种较为简单的处理方式，适合道路较窄，车流量不大的道路交叉处。

（2）圆弧处理

最常用的转角处理方式。既实现了街道空间的自然过渡和转换，使建筑变得柔和，还强化了建筑的视觉形象。

（3）切角处理

也是一种较为常用的处理方式，包括直切、斜切、空切（45° 内）、锯齿等做法。

（4）内凹处理

内凹处理较为少见，是通过建筑布局内凹或者后退形成更多公共空间的做法。

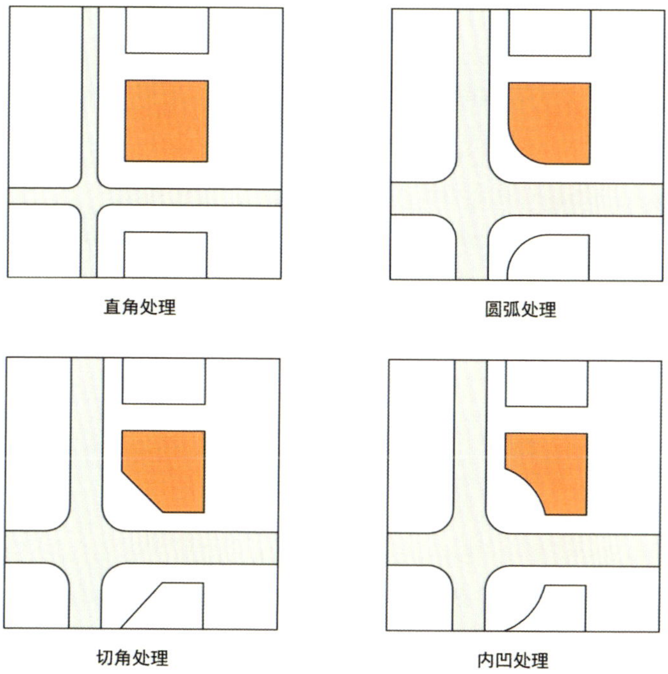

▲ 街道转角处理的 4 种方式

38 传统园林的五要素

（1）地形

地形是园林地表面的基底，包括土丘、台地、斜坡、平地或因台阶和坡道而引起变化的水面，也是其他要素的载体。

（2）山、水

通过使用天然石块和堆土筑山，创造山峰、山巅、崖、岗、岭、峡、谷等形象。包括点线面几种处理方式。

传统园林的水包括河、湖、泉、瀑、池、涧、滩等几种。布局上一般分为集中和分散两种，小型园林多采用中心集中式，形状宜自然曲折。理水方法一般有掩、隔、破三种。

（3）植物

包括树木、花卉、草坪等。不同的植物种类和布置方式可以创造出不同的景观效果，以及丰富的色彩和质感。

（4）建筑

传统园林中的建筑包括堂、厅、楼、阁、馆、轩、斋、榭、舫、亭、廊、桥、墙等。设计原则是一般沿边布置、布局灵活多变、形态通透灵巧、风格自然简朴等。

（5）路径

园路具有游览引导作用，即将景观节点布置在游览线路上。路径形式一般为曲折成环，因景设路、因路得景、步移景异是传统园林路线的设置原则。

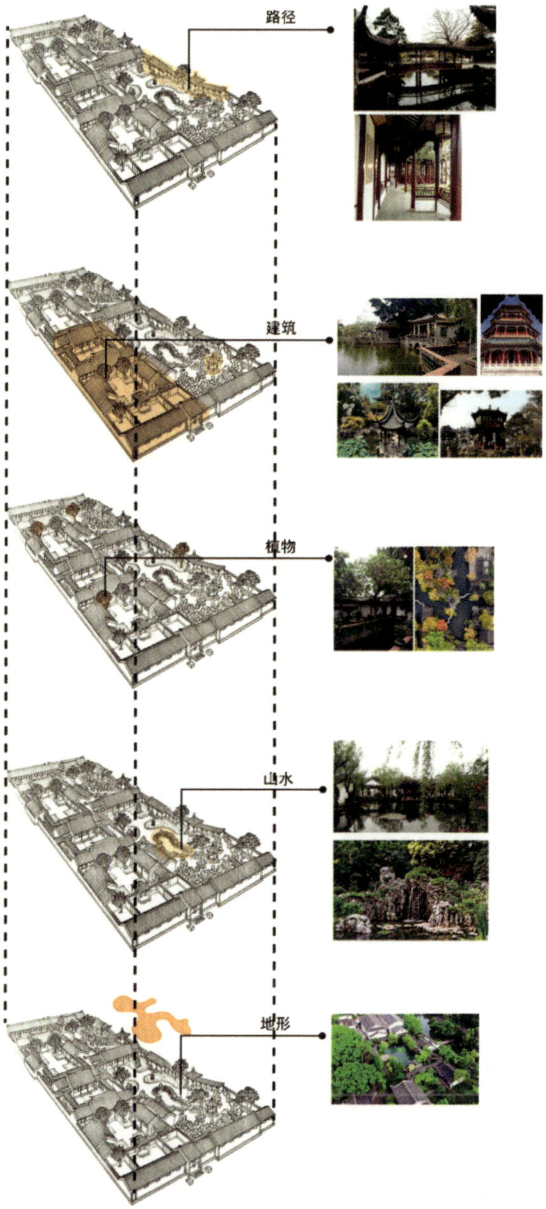

▲ 传统园林的五要素

39 传统园林的 4 个特征

（1）因地制宜

传统园林常与地域气候、地方文化、周边环境、地形地势特点相符合，强调自然之美，力求模拟自然景观并与之融合，整体布局协调统一。

（2）因小见大

通过应用分区、对比（空间大小、虚实、内外、疏密、藏露、高低、仰俯等）、拉长（路线、水面等）、烘托、借景等手法体现小中见大的效果。

（3）曲径通幽

通过园内错落有致的布局和环境的隐藏，以及蜿蜒透迤、峰回路转以及起承转合的路线设置，创造出一种隐秘、悠远的氛围，给人以层次丰富的游览体验和想象的空间。

（4）巧于因借

观赏节点视觉效果丰富，通过抑景、添景、夹景、对景、框景、漏景、点景、借景等手法应用达到丰富视觉层次、节点的作用。

北方园林——皇家园林宏伟大气

南方园林——私家园林玲珑精致

▲ 因地制宜——传统园林的南北差异

▲ 因小见大

▲ 曲径通幽

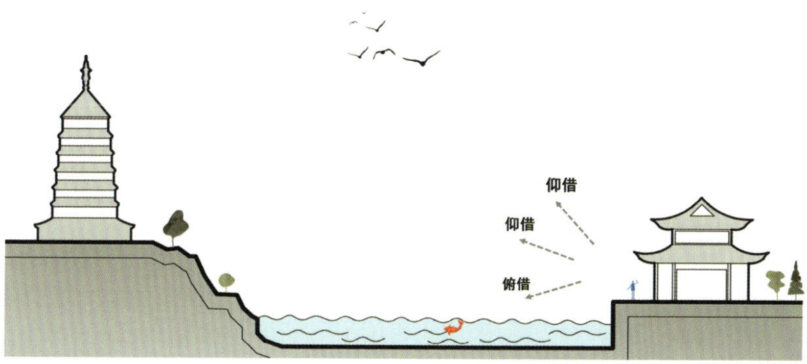

▲ 巧于因借

40 园林组景的 8 种手法

（1）借景

将外部不同距离的优美景色（山、水、塔、亭、树、月等）借用到自己的空间环境里，从而形成丰富的空间层次和视觉感受，包括远借、邻借、仰借、俯借等。

（2）框景

属于近处借景的一种。根据边框的类型分为门洞框景、空窗框景、梁柱框景、挂落框景、树木框景等不同类型。

（3）漏景

也是属于近处借景的一种。与框景不同的是边界形式不是洞口，而是采用花窗、屏风、疏林、栅栏等取得若隐若现、含蓄雅致的朦胧效果，以引起游人探景的兴致与欲望。

（4）夹景

指通过左右两侧物体，如山石、绿化、建筑、墙体等加以屏障，屏蔽不好的、乱的景色或者以约束游人视线的做法，来汇聚观赏者的视线，使景视空间延伸到焦点景观。

（5）障景

障景是小空间分隔常用的手法，通过照壁、隔墙、屏风、帘子，以至盆栽、山石、幕布、水池、界牌分隔空间，挡住视线，从而引导游人改变游览方向的造景手法。

（6）对景

对景是指两个观赏点可以相对而望，互相成景点。对景可分为正对与互对。在视线的终点或轴线的一个端点设景称为正对，在视点和视线的一端或在轴线的两端设景称为互对。

（7）添景

为了追求视觉的层次感和丰富性，在视点和景色之间增加建筑小品或树木，或在景物后面增加背景，使空间层次丰富的手法。如湖中设岛可使空间层次更加丰富。

（8）抑景

抑景是把好的景物先隐藏起来，然后再将其逐步展现出来以便更好地展示景物的方法，例如一些园中园的做法。

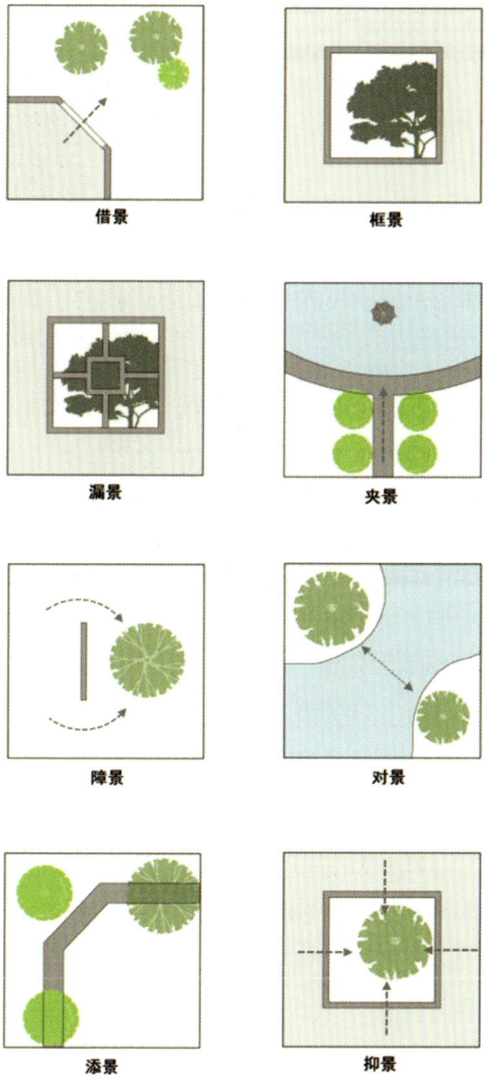

▲ 园林组景的 8 种手法

▲ 框景——从北京颐和园四大部洲远眺玉泉山玉峰塔

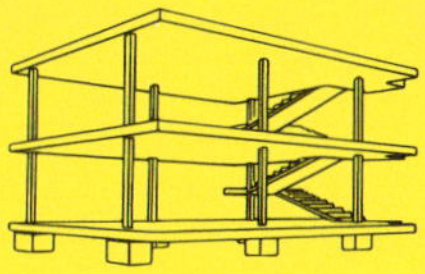

PART 3

第三部分

功能与空间

41 人类行为活动的心理学理论

人类在长期进化过程中，会基于安全、习惯形成一定的心理偏好，这会对建筑空间的塑造形成一种支撑。

（1）瞭望庇护理论

由杰伊·阿普尔顿（Jay Appleton）于1975年提出，是内外空间设计的一种环境心理学支持理论。其认为当人们在顶部和后部有保护的空间时会有良好的安全感，尤其当前面有可以俯瞰周围开阔环境的视野时，这种感觉会更强。

（2）稀树草原偏爱理论

由戈登·H. 奥利恩斯（Gordon H. Orians）于1986年提出，其认为人类在遗传上倾向于偏爱某些类型的自然元素和景色，特别是当人处于有树、草原和溪流等与稀树草原相关的环境时，会产生愉悦感。

（3）场所依赖理论

由罗根巴克（Roggenbuck）于1989年提出，其认为人们倾向于待在熟悉的地方，通过环境氛围、地方性材料、形式、做法的融入，可令人对环境产生认同感和归属感。

（4）亲生物假说

由爱德华·威尔逊（Edward O. Wilson）于1984年提出，其认为人在进化过程中形成了与自然天生联系的倾向。因此，建筑与自然应该有更紧密的结合。

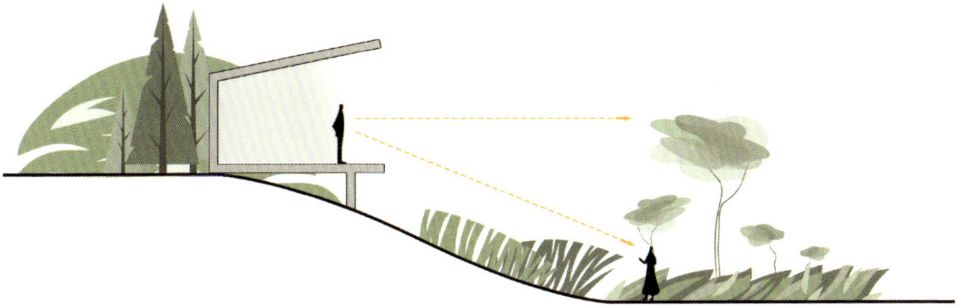

▲ 瞭望庇护理论

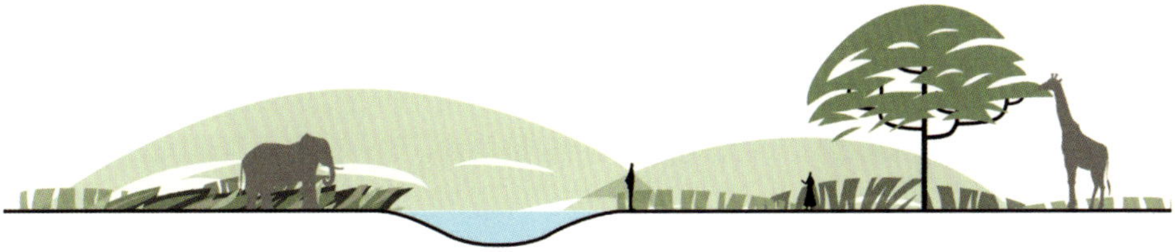

▲ 稀树草原偏爱理论

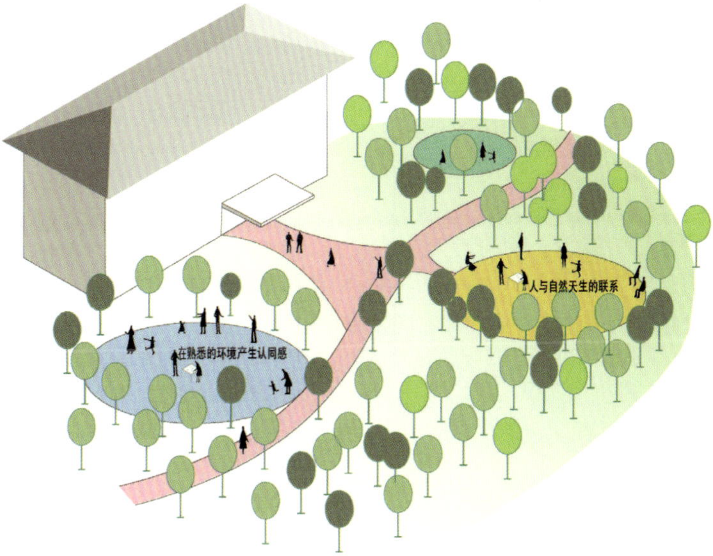

▲ 场所依赖理论和亲生物假说

42 人的行为偏好

人们在外部公共空间中会表达出一定的行为偏好或习惯。

（1）边缘、角落偏好

人们喜欢公共空间的边缘和角落位置而不是中央。这可能源于瞭望庇护理论所说的人在顶部和后面有保护的空间中有良好安全感，并对周围环境有更好的观察和反应能力。

（2）聚集偏好

人们容易被中到高密度的人群所吸引，因此结合休闲或者景观创造系列社交空间，使人们能自然地聚集在一起。

（3）抄近路偏好

人们喜欢选择花费时间最少、经过距离最短的交通路线，这对于必要性活动来说（如上班、上学等）尤其明显。

（4）中心偏好

人群倾向于聚集在某个物体周围，即使没有使用它们。

（5）趋光性偏好

向往光亮是人类的本能和视觉特性。

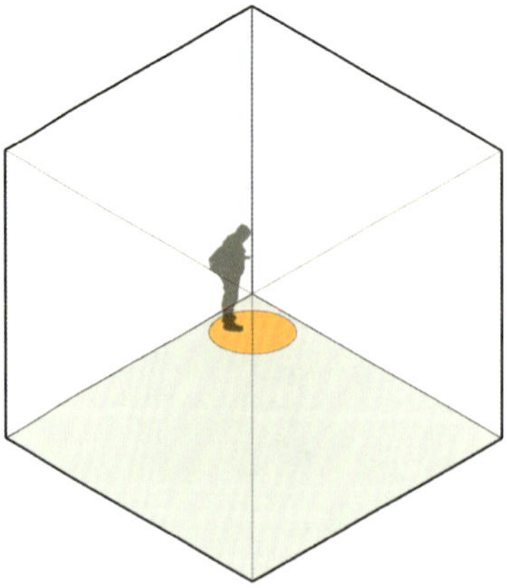

▲ 人的行为偏好——边缘

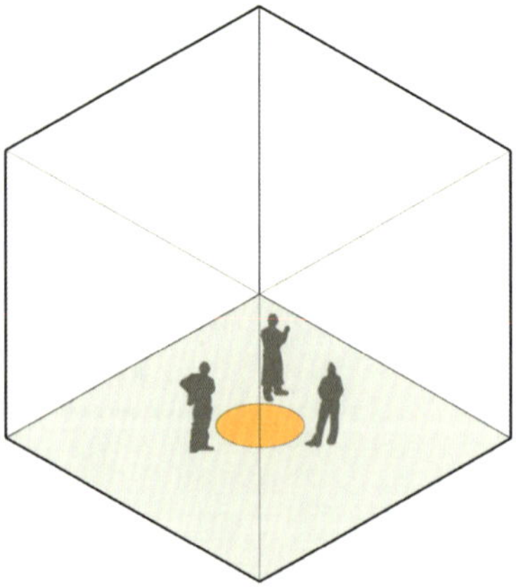

▲ 人的行为偏好——聚集

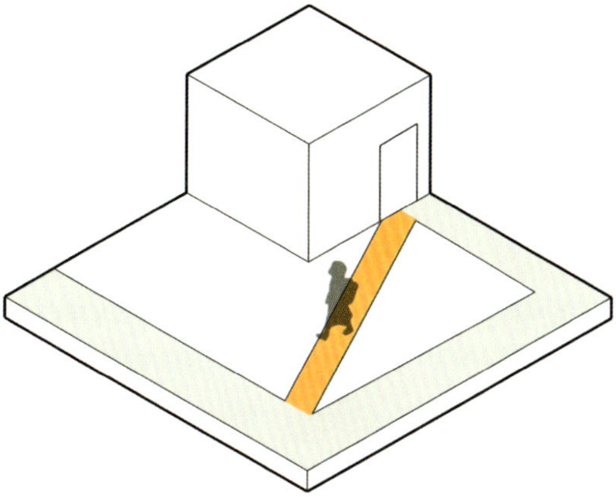

▲ 人的行为偏好——抄近路

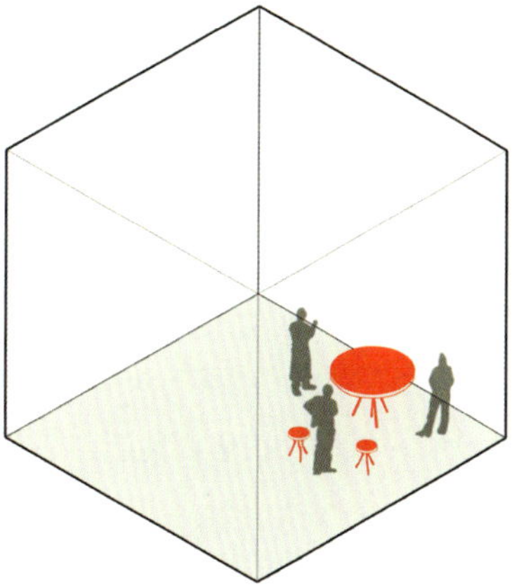

▲ 人的行为偏好——中心

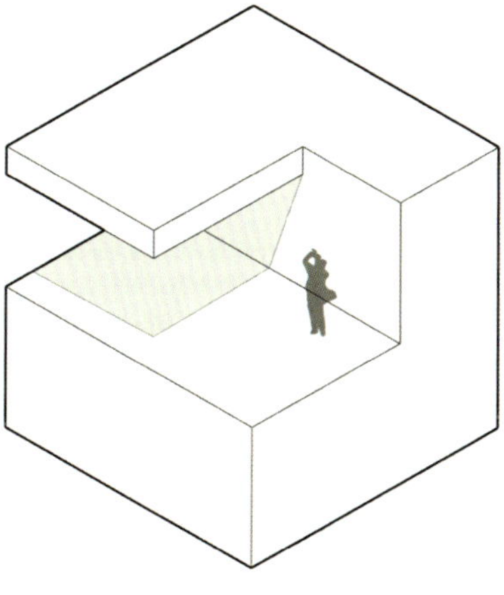

▲ 人的行为偏好——趋光性

43 人类活动的 3 种类型

人类在外部公共空间中发生的活动主要包括个人性活动和集体性活动，具体如下：

（1）必要性活动

个人性活动类型。指必须完成的活动，选择余地很小，具有强制性特征，空间品质要求不高。

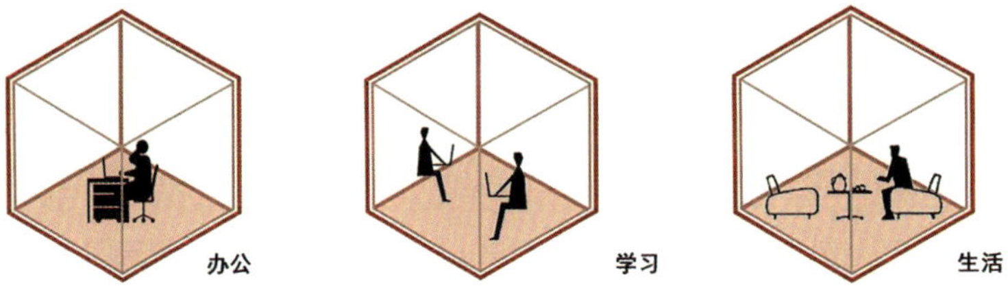

▲ 必要性活动

（2）自发性活动

个人性活动类型。适宜的外部条件和有吸引力、趣味的环境才能吸引人们参与、停留。规模不需太大，一般附加在必要性活动空间周围。

▲ 自发性活动

（3）社会性活动

集体性活动类型。指在公共空间中需要依赖于他人参与的各种活动，需要一定的空间规模和品质才能对人们产生吸引力。自发性活动越多则社会性活动越多，空间活力越强。

▲ 社会性活动

44 使用行为的基本尺寸

空间尺寸与人体的使用行为直接相关，即与坐、卧、立、行、操作五种状态相关，主要分为静态和动态两种状况。

使用行为的基本尺寸

尺寸	坐	卧	立	行	操作
150mm	—	—	—	· 楼梯踏步高	—
300mm	· 沙发与茶几距离	—	—	· 楼梯踏步宽	· 厨房吊柜深度
450mm	· 沙发、椅凳高度 · 坐便器高度	· 床高度 · 浴缸高度	—	—	· 边柜深度
600mm	· 单人课桌宽度 · 普通书桌深度 · 轮椅宽度	· 担架宽度	· 洗面盆宽度 · 自行车停车位宽度	· 单股人流宽 · 最小门宽 · 自动扶梯最小宽度	· 厨房操作台深度 · 衣橱深度 · 浴缸高度
750mm	· 最小单人沙发宽度	—	· 常用台面高度 · 洗脸盆中心距	· 内部楼梯梯段宽度（单侧有墙）	· 洗手台高度
900mm	· 普通单人沙发宽度、深度 · 台面宽度	· 普通单人床宽	· 扶手高度 · 窗台高度 · 低吧台高度	· 普通门宽 · 内部楼梯梯段宽度 · 座椅排距	· 厕浴空间宽度 · 厨房操作通道宽度 · 床与衣柜距离
1050mm	—	—	· 扶手高度 · 中吧台高度	· 普通门宽	—
1200mm	· 普通餐桌长度	· 单人床宽	· 毛巾杆高度	· 两股人流宽度 · 楼梯梯段、走廊、双扇门、无障碍坡道宽度	· 厕所蹲位深度
1500mm	· 双人沙发长度	· 最小双人床宽 · 普通浴缸长度	· 常用窗户高度	· 常用双扇门宽、常用单面布房走廊、入口平台等宽度 · 电梯候梯厅深度	· 阳台深度 · 轮椅操作直径
1800mm	· 小型三人沙发长度	· 普通双人床宽 · 担架长度	· 常用窗户高度	· 普通走廊宽度 · 小汽车宽度	· 书柜高度 · 挂衣高度
2100mm	—	—	· 常用门高 · 衣橱高度 · 淋浴器高度	—	—
2400mm	· 普通三人沙发宽度	—	—	· 小型车停车位宽度 · 双面布房走廊宽度	· 卧室开间净宽

45 建筑功能空间划分的 8 条原则

不管是总平面布置还是单体平面布置，满足使用功能要求是首要任务，这就需要一定的原则标准来指导功能划分和对应性设置。

（1）主次

即明确建筑的主要功能空间、次要功能空间以及对应的主要使用者和次要使用者。

（2）内外

即需要分清建筑使用人群对应功能空间的内外性质。

（3）先后

即功能空间有先后不同的使用顺序，如果顺序不对就会引起功能的混乱。

（4）动静

即分析明确不同功能空间的环境特性需求。

（5）洁污

即对不同空间的卫生环境影响（气味、污染、辐射等）进行分类分析。

（6）公私

即对各种空间的开放、私密程度进行分类分析。

（7）远近

即对不同功能空间之间的亲疏关系分析，根据亲密程度的不同分为相邻、相近和远离。

（8）价值

针对外部环境条件而言，主要包括商业、朝向和景观价值三方面。主次、内外、公私、动静等空间分类需要和价值相对应。

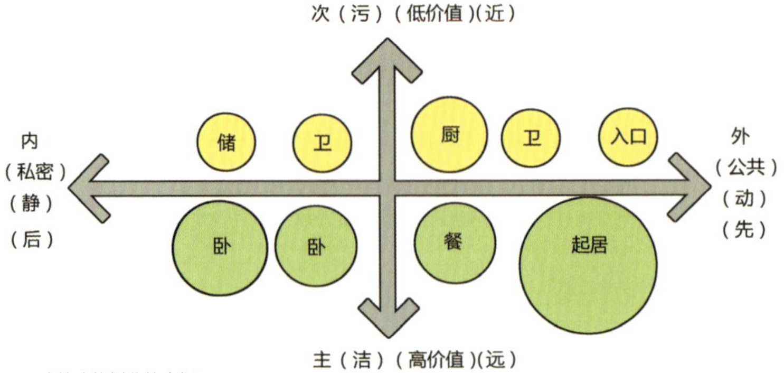

▲ 建筑功能划分的空间

46 积极空间、消极空间的形成条件

日本著名建筑师芦原义信提出积极空间和消极空间的概念。所谓积极空间就是能更好符合使用者意图、有秩序的空间，相反则是消极空间。

（1）积极空间

一是在空间形状方面有明确的边界和围合感；二是有明确使用功能和相应设施，可满足人的使用需求；三是舒适性方面具有良好的物理环境条件（视野、景观、日照等）和尺度感；四是在交通层面有便利的可达性或者交通必要性，能方便人们的进入和聚集。

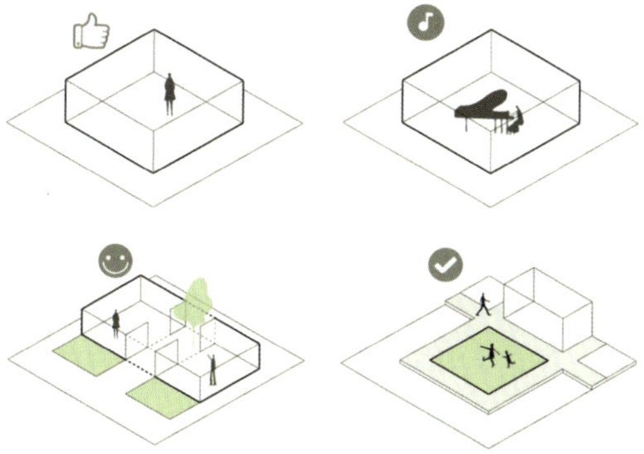

▲ 积极空间的形成条件

（2）消极空间

消极空间的空间形状不规则，缺乏围合感和向心性，没有明确设定的功能，是自然发生和无计划的，或者空间环境品质和安全性差；在交通上位于死角或者尽端不利通行和聚集。

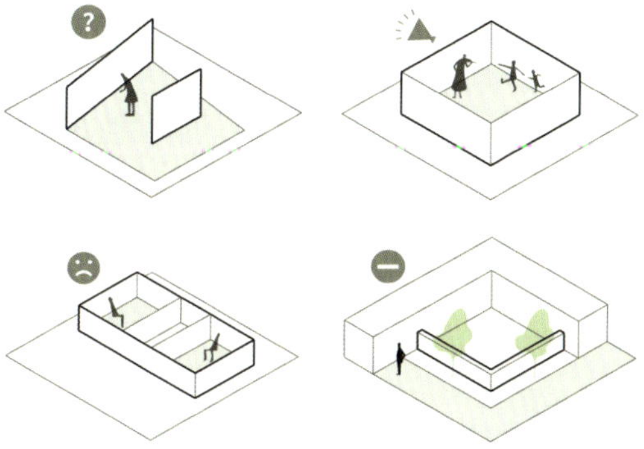

▲ 消极空间的形成条件

47 平面功能设置的 3 种方式

平面功能布局需要有明确的分区设置这样才能利于使用，减少流线交叉和使用混乱。根据水平和垂直方向的位置关系，有三种常见处理方式。

（1）垂直分区设置

针对每层面积不大的建筑，适合用地紧张，层数较多的建筑。

分区原则：使用频率高、使用人数多、对外公共服务、有噪声、荷载重和视野要求低的功能区在下，使用频率低、使用人数少、私密、安静、荷载轻和视野要求高的功能区在上。建筑出入口和竖向交通根据功能区联系紧密程度分设或者合用。

（2）水平分区设置

适合用地宽松和具有明确功能顺序的建筑类型。

分区原则：使用频率高、使用人数多、对外公共服务、有噪声和主要功能的在前，使用频率低、使用人数少、私密、安静和次要功能的在后。

（3）水平垂直分区结合设置

适合功能组成复杂、占地面积较大或地形高差变化较大的建筑类型。通过设置不同平面位置和不同标高的平台形成多层次出入口。

分区原则：使用频率高的功能区在前、在下，使用频率低的功能区在后、在上；动的功能区在前、在下，静的功能区在后、在上；公共功能区在前、在下，私密功能区在后、在上；外部功能区在前、在下，内部功能区在后、在上；主要功能区在前、在下，次要功能区在后、在上；使用人数多的功能区在前、在下，使用人数少的功能区在后、在上。

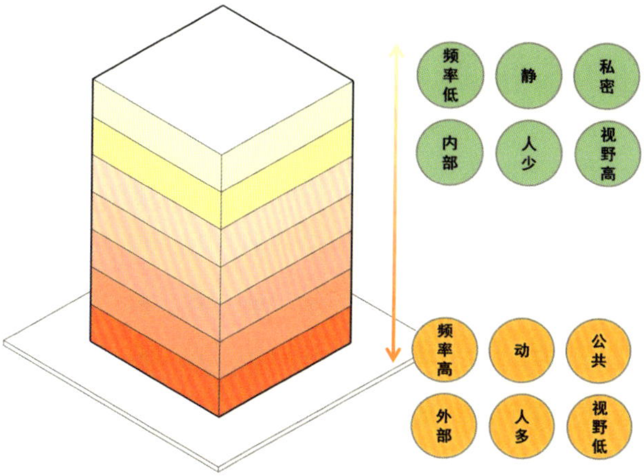

▲ 垂直分区设置

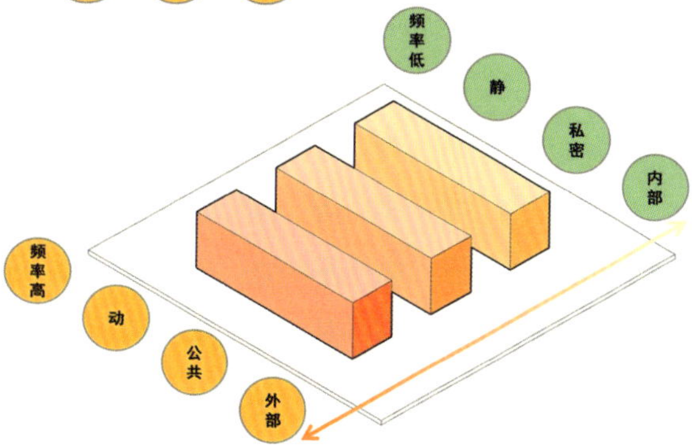

▲ 水平分区设置

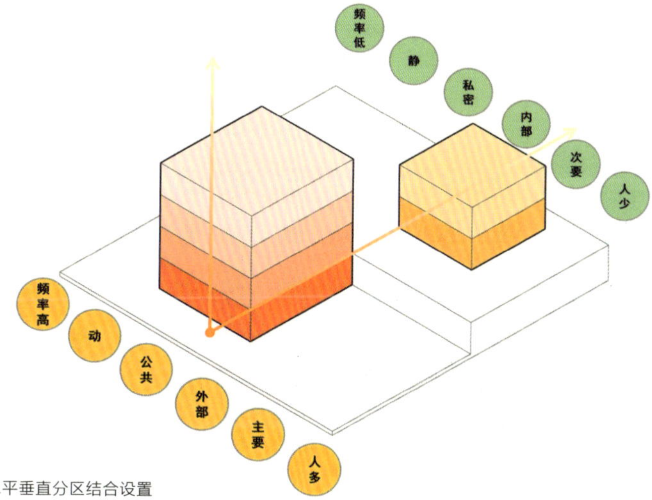

▲ 水平垂直分区结合设置

48 平面形式的 3 种基本类型

绝大多数建筑平面是由基本图形单元重复组合而成，而其形体也是图形单元体块在垂直、水平方向上的重复。根据图形单元的组合关系主要有 3 种类型。

（1）集中式平面

①单一大空间：集中式布局，其特征是平面以一个大空间为主或者是较为紧凑的布局。

②单元垂直重复：最为常见的集中式布局是图形单元在垂直方向重复，即普通的多层或者高层建筑，重点是确定单元的形状。

（2）组合式平面

即分散式平面布局，其特征是平面由多个基本图形单元模块按一定秩序在水平方向重复组合构成，各单元模块之间没有主次和必然的功能关系。其难点一是确定单元模块的大小和形状，二是组合方式的秩序性。一般以一栋建筑作为基本单元。

（3）自由式平面

①点式自由组合：一种更为灵活的单元组合式布局，其特征是布局的随机性和无等级性。适合用地宽松、建筑氛围较为轻松及环境限制较少的建筑类型。其难点是这种随机性要自然形成。

②线式自由组合：通过基本图形单元组合形成自由的线性平面。

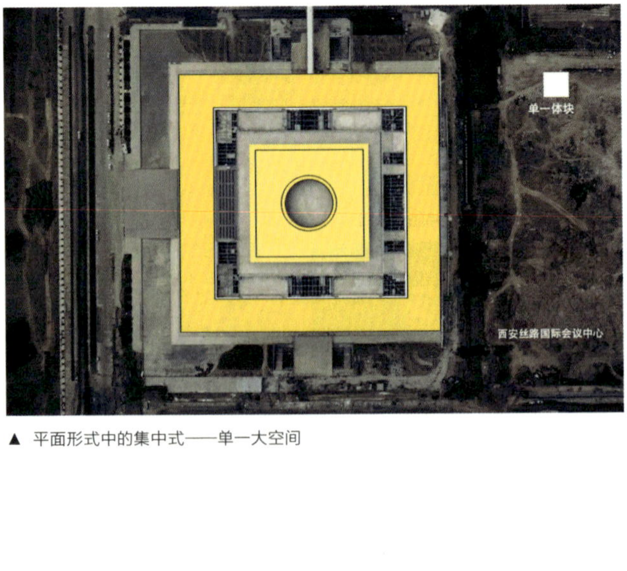

▲ 平面形式中的集中式——单一大空间

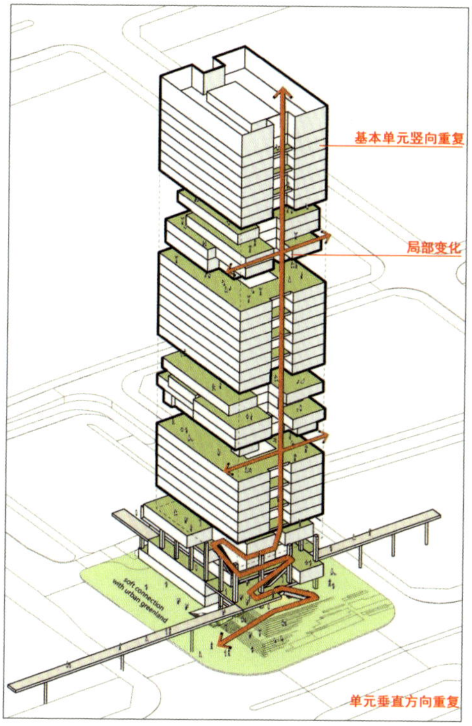

▲ 平面形式中的集中式平面——单元垂直重复

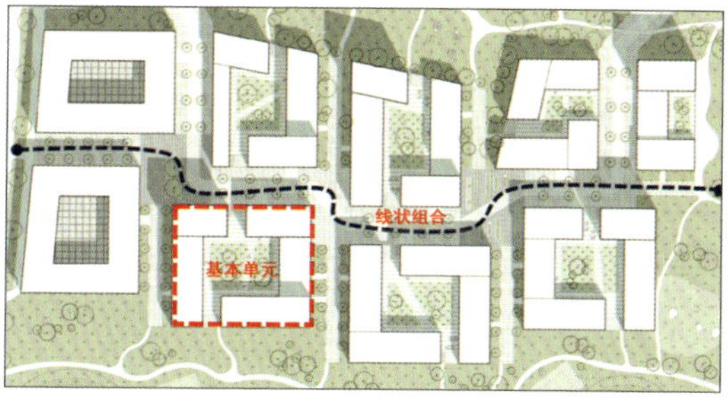

▲ 平面形式中的组合式平面

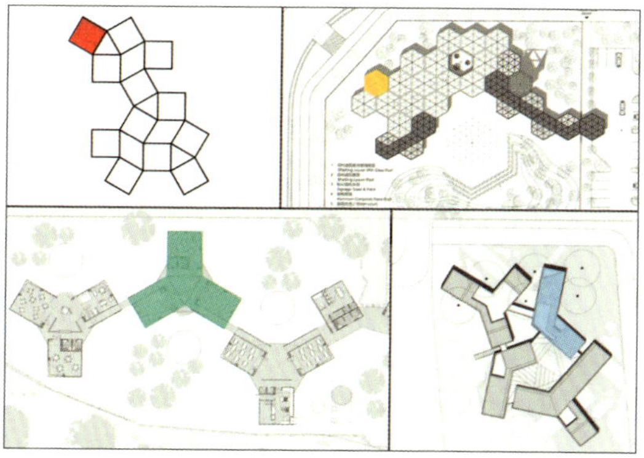

▲ 平面形式中的自由式平面——点式自由组合

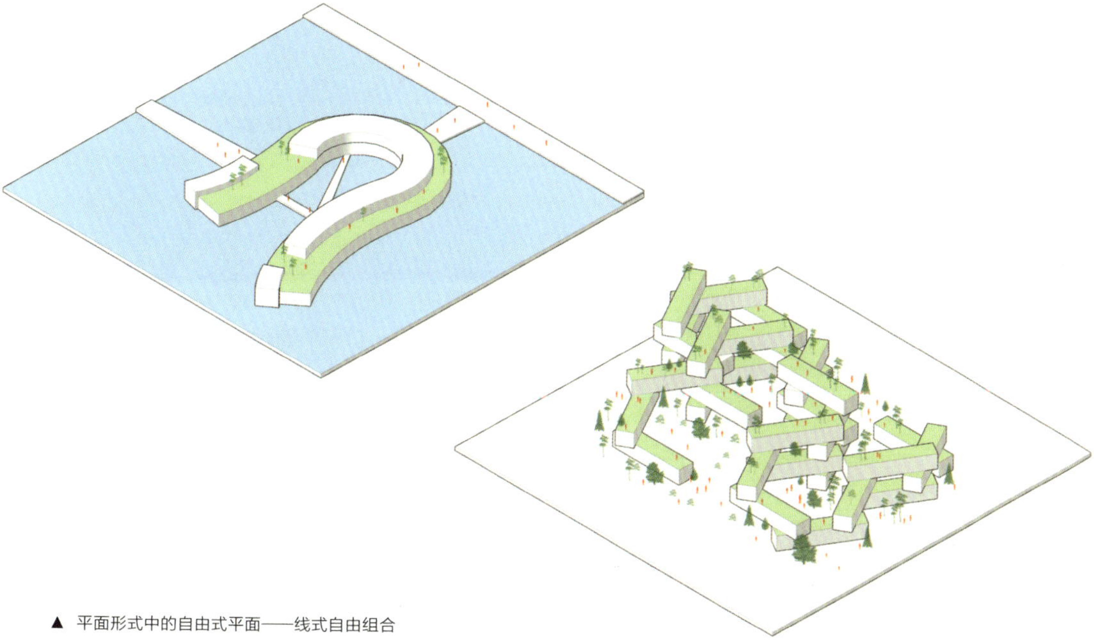

▲ 平面形式中的自由式平面——线式自由组合

49 平面秩序的 4 种形成方式

平面组合的基本原则就是需要遵守一定的组合秩序，根据图形结构关系主要分为以下 4 种：

（1）形成常见的几何形状

基本图形单元组合成长方形、正方形、三角形、圆形等常见形状，适合集中式布局类型。

（2）形成对称的形状

基本图形单元通过对称（左右对称、放射性对称）设置形成秩序性和整体性。

（3）形成线性的形状

基本图形单元组合形成线性平面图形（包括直线、折线、曲线、U 形、口形、E 形、Z 形等），也会具有较好的秩序性。

（4）形成网格的形状

基本图形单元组合形成方格网、放射状网格等具有清晰结构的形状。

▲ 几何形状组合

▲ 对称的形状组合

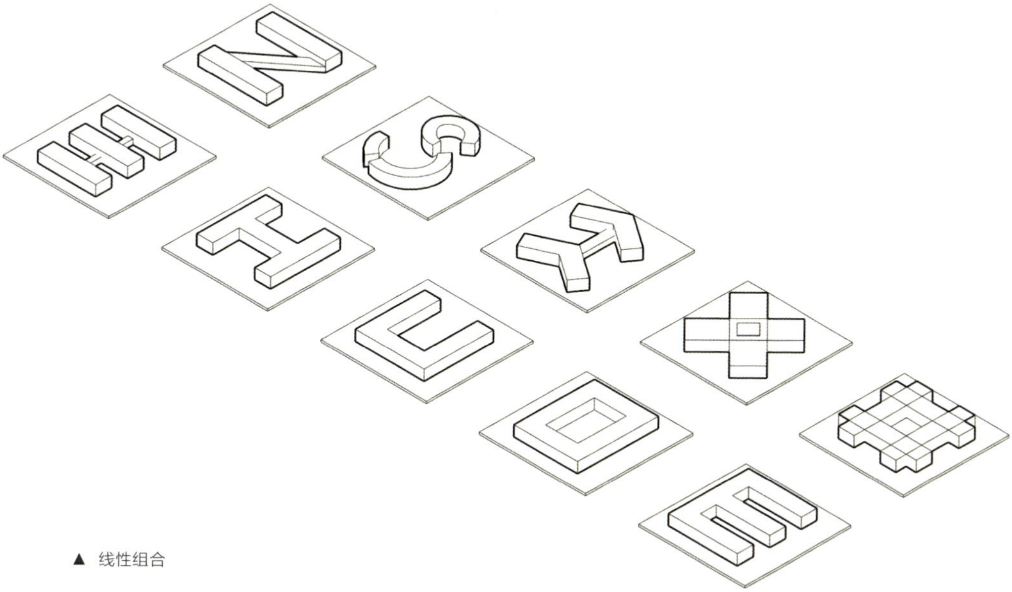

▲ 线性组合

▲ 网格形状组合

50 平面布局的点、线、面构成

建筑平面布局根据空间尺度及功能可简化为 3 种。

（1）点式空间

点式空间主要指垂直交通空间，包括楼电梯及相应设备用房。其不仅要满足日常使用，还要满足安全疏散或景观塑造的需要。

（2）线式空间

线式空间主要指水平交通空间（走廊），起串联面式空间和点式空间的作用，是体验建筑是否具有趣味性和丰富性的主要部位。包括单线形、环线形、放射形、鱼骨形和网状线等。

（3）面式空间

面式空间指主要功能空间，属于私密空间，是平面中面积最大的部分，以虚为主。如果人员类型多、功能复杂，则需对面式空间进一步划分。

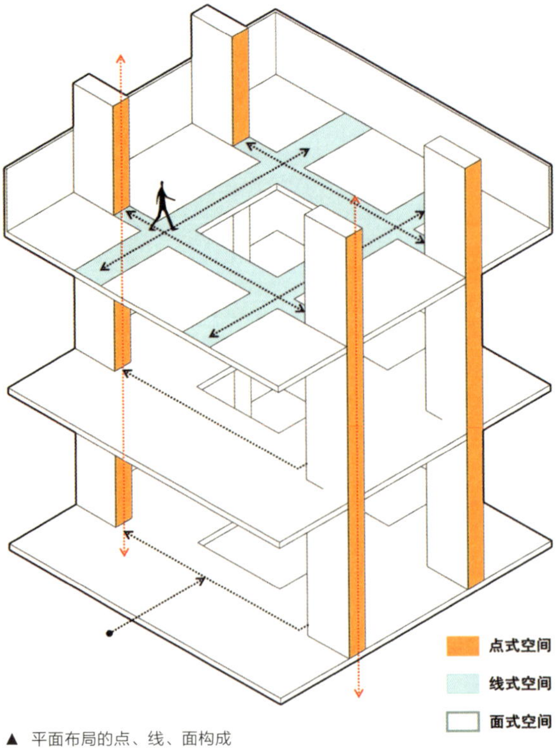

▲ 平面布局的点、线、面构成

51 楼梯的 3 种功能

楼梯是建筑内部的垂直交通空间，其主要功能是解决不同区域和楼层间的通行、安全疏散及景观塑造。

（1）日常通行

满足日常通行使用是楼梯间的基本功能。由于使用频繁，且为内外双向使用，因此其位置应较为明显，与水平交通路线有便捷、清晰连接。

（2）安全疏散

安全疏散用途是除日常使用之外楼梯间的另外一个基本功能。其特征是人群偶尔集中使用，是以从内到外为主的单向流线（房间—走廊—楼梯—室外），更是要求快捷、安全，导向清晰，符合规范相关要求。大部分楼梯是日常通行和安全疏散兼顾。

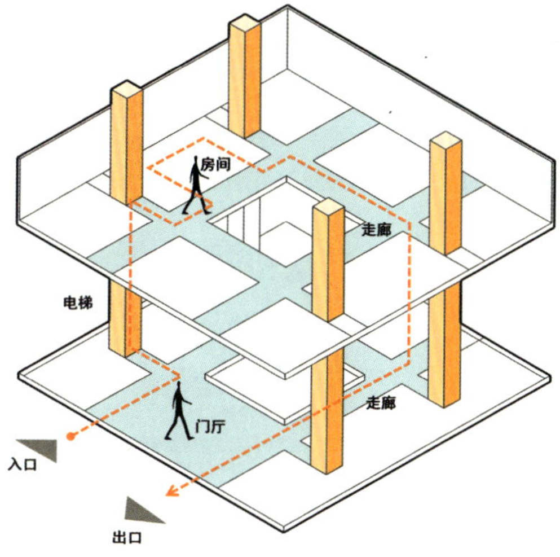

▲ 日常通行功能

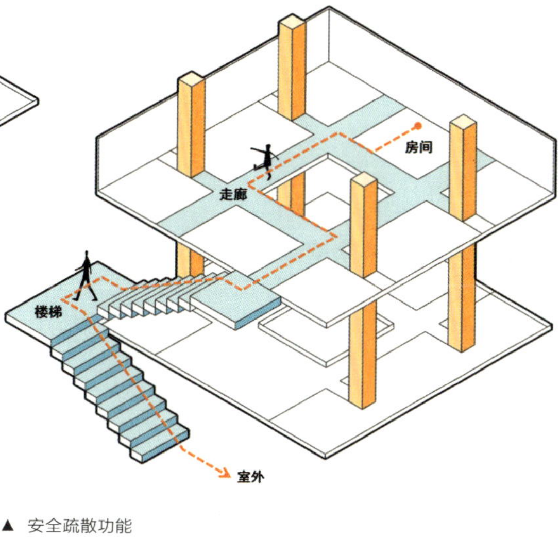

▲ 安全疏散功能

（3）景观塑造

景观塑造是楼梯的第三个重要功能，目的是提升空间品质，增强空间趣味性。一般做法是使楼梯本身成为建筑造型的一部分（例如外部楼梯）。或者将楼梯设置在中庭、庭院等空间节点处，既可满足日常使用又能增加空间趣味，但这种情况不能作为安全疏散用途。

▲ 景观塑造

52 交通空间排布的 3 个原则

建筑内部交通空间排布的关键就是如何通过点、线交通连接不同使用功能区域。即线性水平交通空间解决同层交通问题，而点式垂直交通空间则连接竖向各层水平交通空间。

（1）各有其口，主次有别

确定建筑出入口是重点。首先要明确不同使用对象（人、物等）的类型、数量和来源方向，并结合内部使用功能要求分析其主次、分合关系，然后通过分类、重组，做到各有其口，内外对应，清晰明显，避免相互交叉、干扰。

（2）水平成环，垂直均匀

总体来说，水平交通应尽量做到环绕相通，垂直交通则需要分布均匀。环绕相通能使本楼层交通更为便捷、直接和经济；分布均匀则使各楼层功能空间到本层出入口距离均等，使用更为方便、高效。

（3）排布紧凑，动中有变

垂直交通空间需要结合建筑类型、高度和使用人数确定楼梯或电梯形式、大小和数量。

水平交通空间则需要结合各交通节点做到动中有变。水平交通中的节点主要包括入口门厅、中庭、楼梯、平台等部位，它们是使用者进入下一个空间的停留点和转折点，也是增强建筑体验的一个关键点，所以需要重点处理。

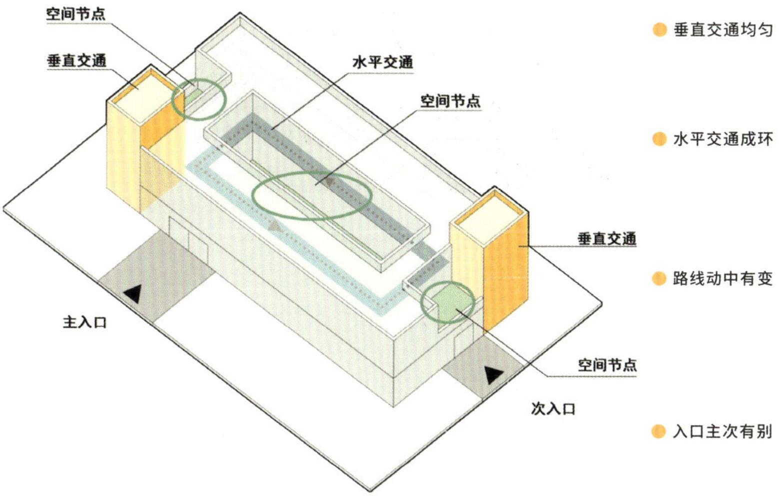

▲ 交通空间排布的 3 个原则

53 交通路线设计的 3 个特征

从建筑外部到达内部功能房间，使用者的空间体验主要体现在交通路线的感受上。设计者应能使其感受到空间序列的变化，其表现重点在于时间性和空间性。时间性指使用者在空间路径中的移动过程和同一空间在不同时间的变化上，空间性则体现了路径上的形式和尺度变化。

（1）连续性

一是体现在建筑内部整个交通流线的设置要相对清晰直接，尽量避免过多转折和尽端式交通等做法，以增加行进过程的连续性。二是体现在交通节点的设置要清晰明确，以增强引导性，减少使用者的辨别和等待时间。例如中庭空间的加入使交通关系更清晰。

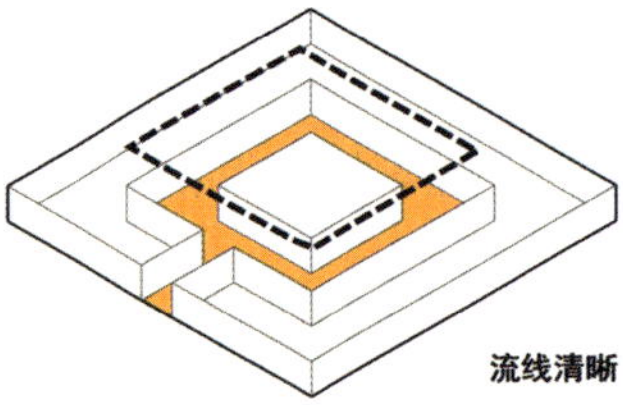

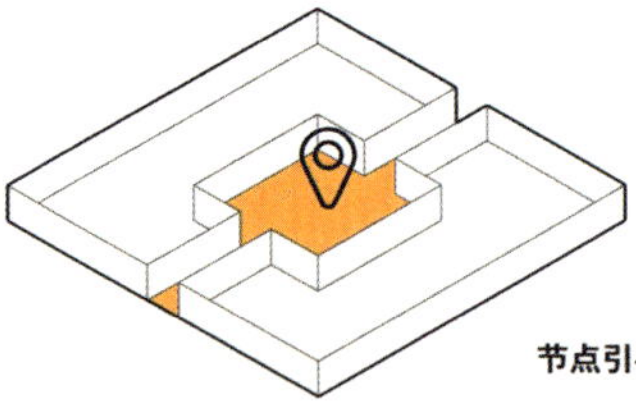

哥本哈根美国广场办公中心

东京 YANMER TIKYO 商业和办公楼

▲ 连续性

（2）层次性

一是体现在行进的过程具有层次。即在行进过程中，交通路线上设置适当的节点空间，例如门厅、中庭、平台等。二是体现在节点的设置具有层次。即从建筑主体的公共交通空间到楼层公共交通空间，在空间大小、公共性、开放性等方面具有层次变化。

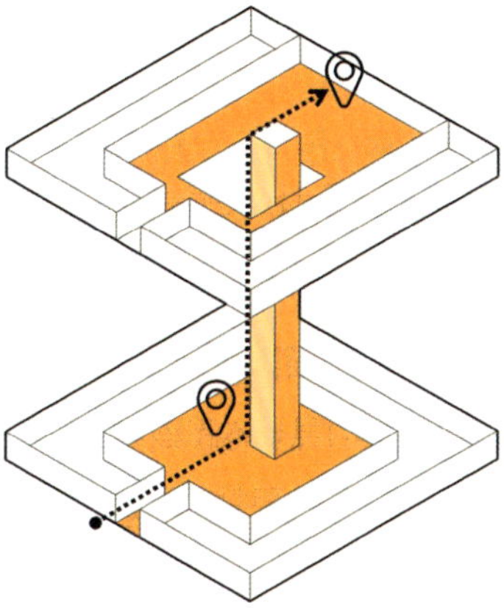

▲ 层次性

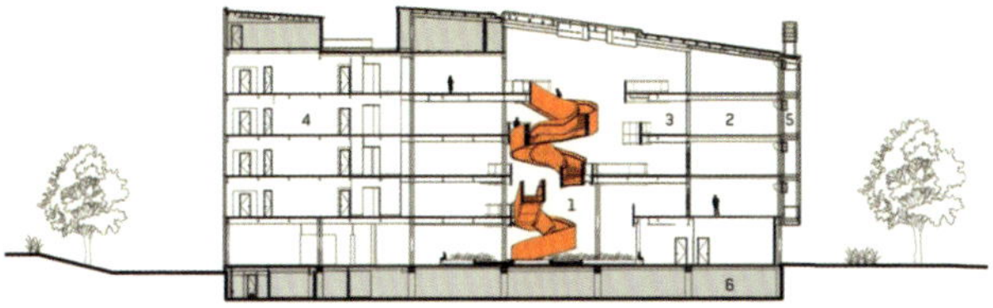

奥克兰 B：HIVE 蜂巢办公总部

（3）趣味性

一是体现在功能配置上，即交通空间不只具有满足日常通行使用和消防疏散等严肃的必要性功能，还应适当加入休闲、展览、娱乐、观赏等活泼的社会性功能；二是体现在视觉感受上，单一的空间类型让人的行进过程单调乏味，而有节奏的变化才能令空间具有趣味性和吸引力。

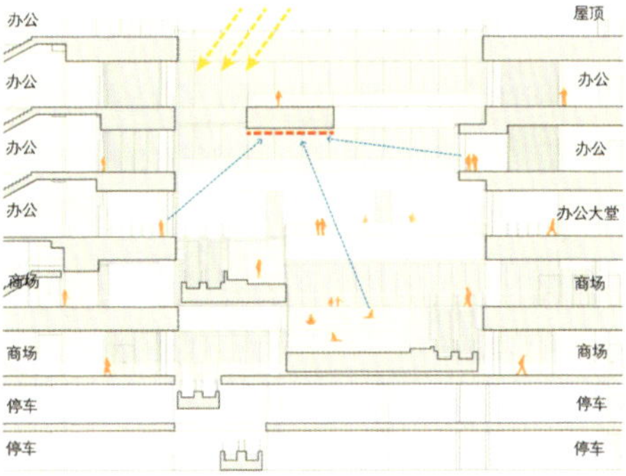

▲ 趣味性

54 水平交通流线的类型

（1）线状交通

最常规的交通路线方式，较常见的为一字形线状交通，适合较为简单的平面布局，如内走廊式的办公楼、宿舍、教学楼等。可由一字形进一步延伸为 C 形、E 形、折线形、鱼骨形等。

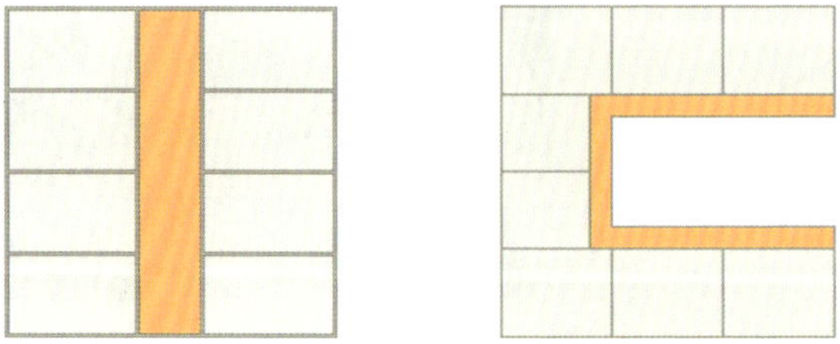

▲ 线状交通

（2）环网状交通

适合稍微复杂的平面布局，即水平交通成环形闭合布置，垂直交通结合出入口均匀布置。可进一步分为口字形、日字形、田字形、目字形等交通路线。更为复杂的多功能建筑可形成网状交通路线。

▲ 环网状交通

（3）放射状交通

适合放射状的平面布局，即水平交通从中心空间往四周放射布置，垂直交通分布于中心和四周，可进一步分为星形、蛛网形等交通路线。

▲ 放射状交通

（4）自由式交通

适合功能灵活自由的平面布局，如日本北海道儿童精神康复中心。

▲ 自由式交通

55 高层建筑核心筒的设置要求

核心筒作为高层建筑竖向交通、设备与服务用房的集中设置地，其布置合理与否是标准层平面设计的关键。

（1）功能构成完备

高层建筑核心筒一般由交通空间（楼梯电梯及前室、候梯厅等空间）、设备空间（水暖间、强弱电间、空调机房等）、服务空间（卫生间、开水间、清洁间、垃圾间、储藏室等）和风井（送风井、排烟井、排风井等）四部分构成。

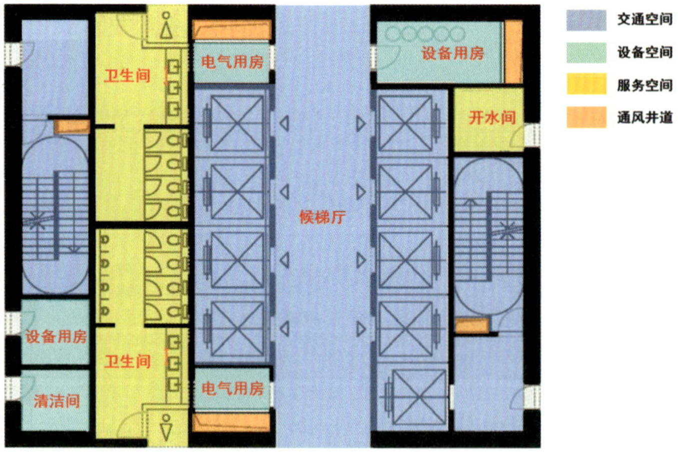

▲ 高层建筑核心筒的设置要求——功能构成完备

（2）空间组合紧凑

核心筒的关键是楼梯电梯位置、数量及与其他空间的组合关系，要求布置均匀、紧凑和高效。

一般是电梯成组居中布置，两个楼梯靠近电梯均匀分设两侧，设备及服务空间在外侧排布，管道井则结合使用要求填空设置。

根据电梯候梯厅的形式，核心筒可分为一字形、十字形、T 形、二字形等。

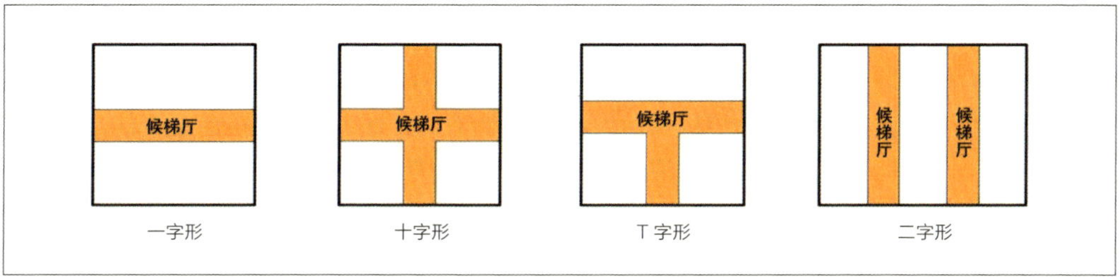

▲ 高层建筑核心筒的设置要求——空间组合紧凑

（3）空间规模适宜

核心筒的建筑面积控制在标准层面积的 20% ~ 25%。电梯井道占核心筒总面积的 25% ~ 30%；各种设备机房和管道竖井约占核心筒总面积的 15%，空调机房的面积约占 10%；卫生间、清洁间和茶水间约占核心筒总面积的 10%；疏散楼梯约占核心筒总面积的 7%；交通通道约占核心筒总面积的 5%。

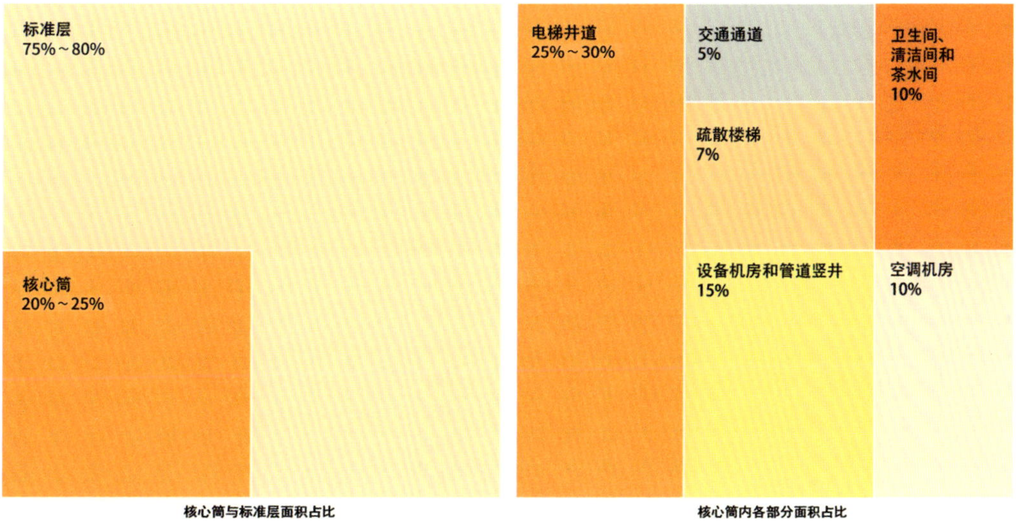

▲ 高层建筑核心筒的设置要求——空间规模适宜

56 中庭空间的类型

设置中庭空间的目的是组织交通，增加空间趣味性和辨识度，提升内部环境品质。

（1）按位置分

内置中庭：最常见的共享空间形式，主要为了形成空间中心和趣味点，或者为了解决大进深建筑中间环境较差的问题。

边庭：靠建筑一边设置，一般结合入口或者休闲空间布置，具有标志性和吸引力，适合规模较大的公共建筑（宾馆、美术馆等）。

角庭：位于建筑平面一角，适合规模相对较小或者此方向不易被利用的建筑。

空中庭院：适合高层建筑，一般分段设置。

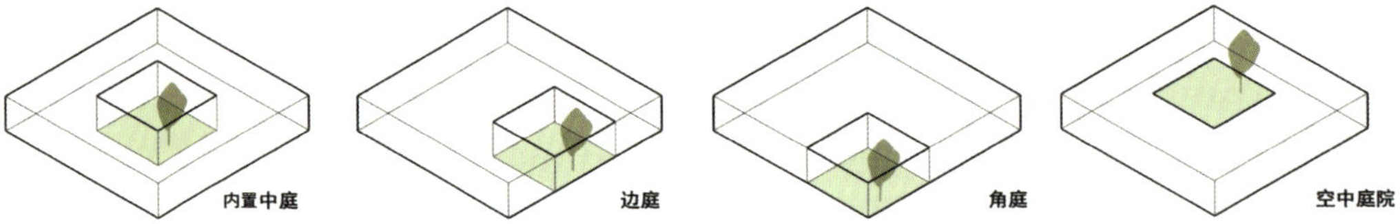

▲ 不同位置的中庭类型

（2）按围合关系分

按围合关系中庭空间分为内向型（内置式）、半内向型（嵌入式、连接式）和外向型（边置式、角置式、嵌套式）。

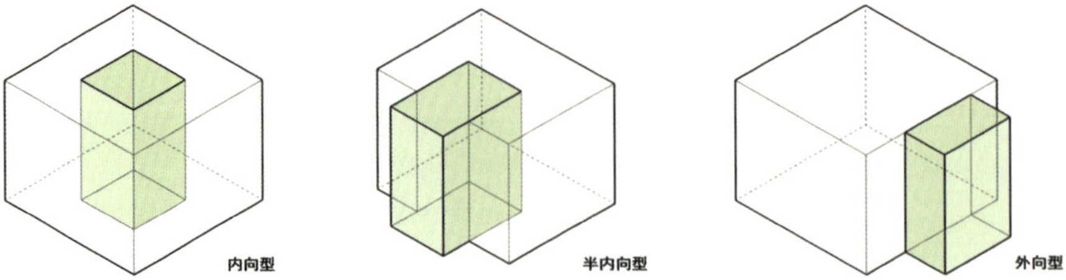

▲ 不同围合关系的中庭类型

（3）按竖向特征分

按竖向特征中庭空间分为贯通式、半通式、分段式等。

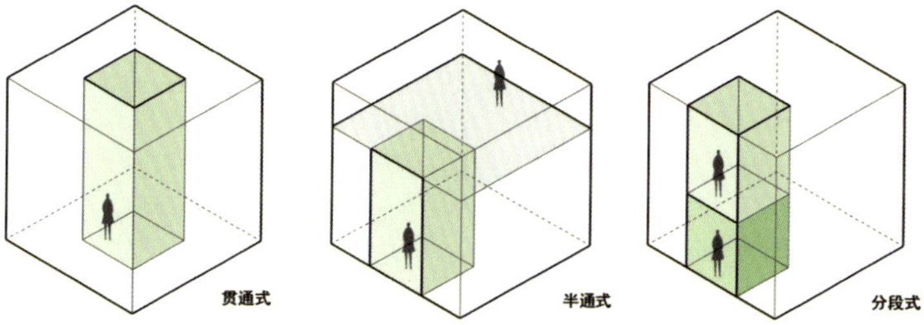

▲ 不同竖向特征的中庭类型

（4）按平面形状分

按平面形状中庭空间分为点式（常规中庭）、线式（大型商业内部中庭）和点线结合式（大型建筑）。

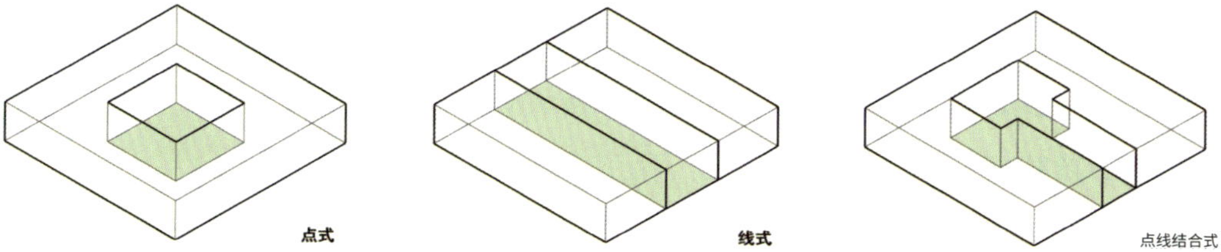

▲ 不同平面形状的中庭类型

（5）按剖面形状分

按剖面形状中庭空间分为水平式、垂直式、自由式（如上大下小台阶式、倾斜式、扭转式，上小下大式等）。

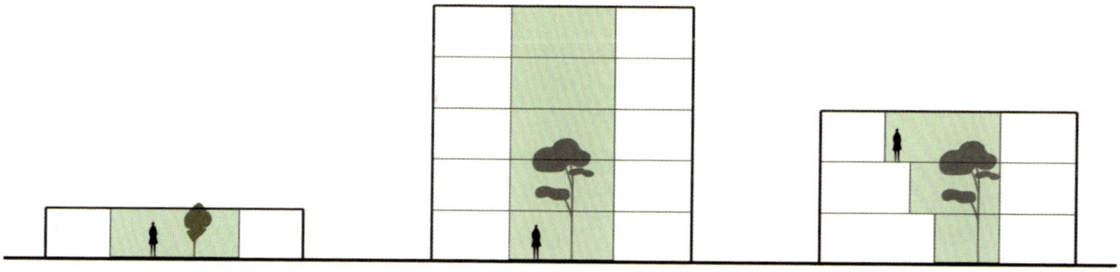

▲ 不同剖面形状的中庭类型

57 中庭空间的 5 种生成方式

中庭空间主要有 5 种生成方式。

（1）挖洞

对完整形体进行各种方向的挖洞形成不同的中庭空间。包括垂直挖洞（如上海新天地南里中庭）、水平挖洞（如上海嘉定保利大剧院等）、斜向挖洞（如美国麻省理工学院学生公寓等）。

垂直挖洞

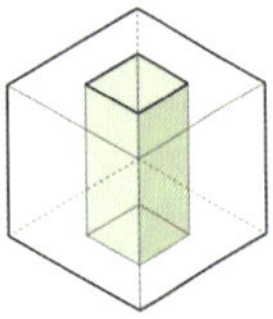

水平挖洞

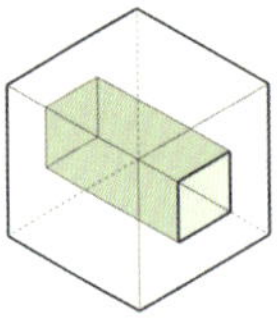

斜向挖洞

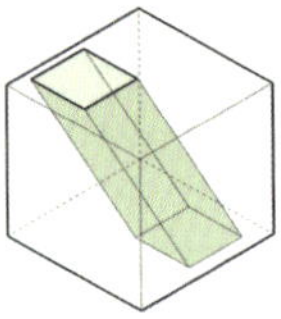

上海新天地南里中庭

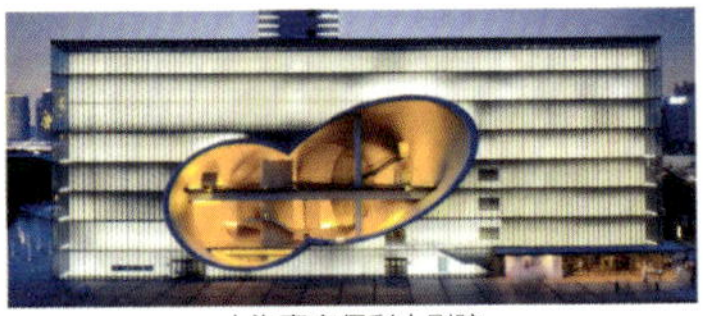

上海嘉定保利大剧院

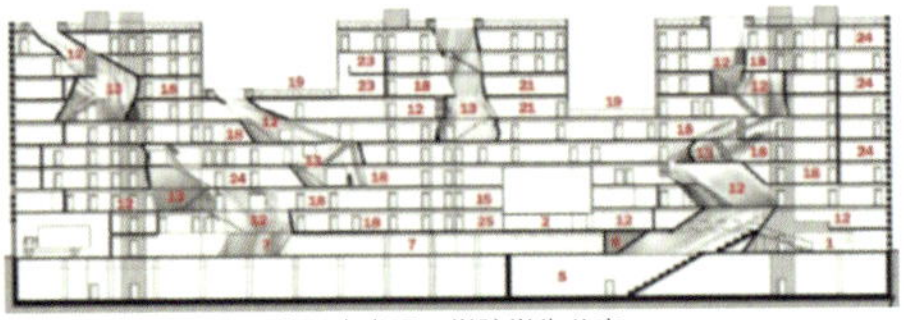

美国麻省理工学院学生公寓

▲ 挖洞

（2）削切

对完整形体进行削切形成中庭空间。包括角部削切（如柏林 Axel Springer 园区办公楼）、中间削切（如太原万象城）、表面削切（如伦敦瑞士再保险总部大楼螺旋式中庭）。

角部削切

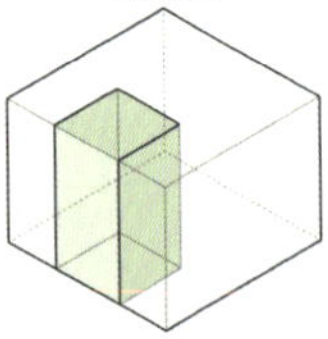

中间削切

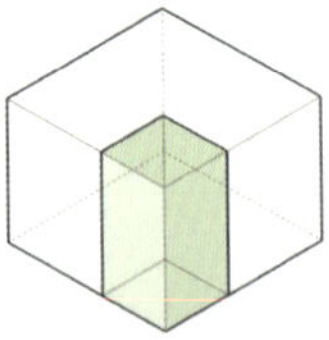

表面削切

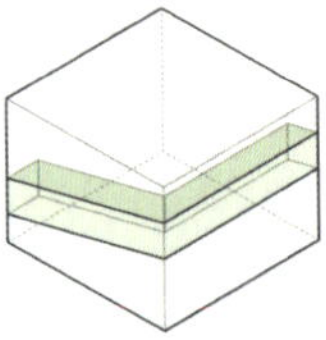

柏林 Axel Springer 园区办公楼

太原万象城

伦敦瑞士再保险总部大楼

▲ 削切

（3）并置

中庭作为独立形体与主要形体并列形成边置式中庭，如北京颐堤港购物中心、伦敦国会大厦等。

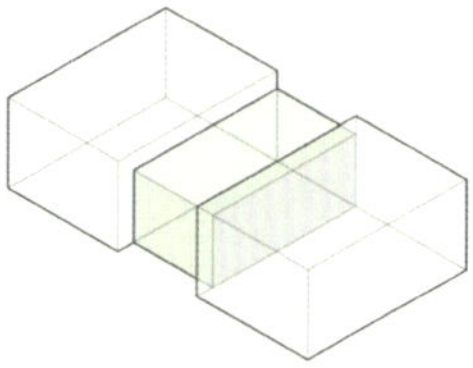

▲ 并置

北京颐堤港购物中心

（4）嵌套

在主要形体外侧包裹表皮形成嵌套式中庭，如中国国家大剧院、北京侨福芳草地购物中心等。

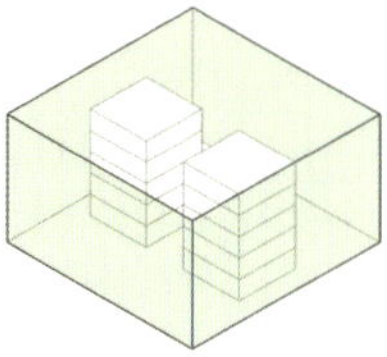

▲ 嵌套

北京侨福芳草地购物中心

（5）围合

多个形体围合形成中心式中庭，如葡萄牙波尔图罗马风格艺术解说中心等。

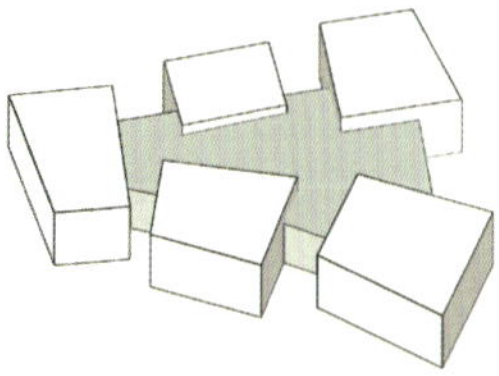

▲ 围合

葡萄牙波尔图罗马风格艺术解说中心

58 丰富公共空间的 3 个原则

建筑中较大的公共空间都需要进一步处理以增加丰富性，主要运用以下原则：

（1）增加空间层次

空间无论大小，都要通过不同手法对空间做进一步划分以形成层次感，避免一览无遗。

隔：通过墙、玻璃、植物、框架、空中连廊等划分空间，增加层次感和纵深感。

转：通过拉长交通路线增加空间纵深感，包括转折和弯曲。

套：大空间内部增加嵌套小空间或者多个空间相套。

抬：通过地面标高抬升或者倾斜形成台阶、坡道等。

借：通过借用外部景观增加空间纵深感和视觉趣味。

透：室外自然庭院景观通过玻璃窗户或者漏窗透进室内。

隐：暗示远处还有空间。

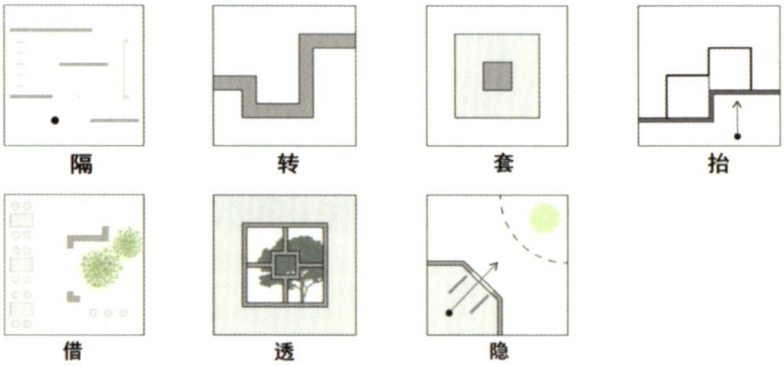

▲ 增加空间层次

（2）增加空间对比

同一空间内包含不同对比做法才会让人有更丰富的感受。对比方式有不同尺度、形态、虚实、高低、凹凸、曲直、内外、疏密、形状、明暗、冷暖等方面。

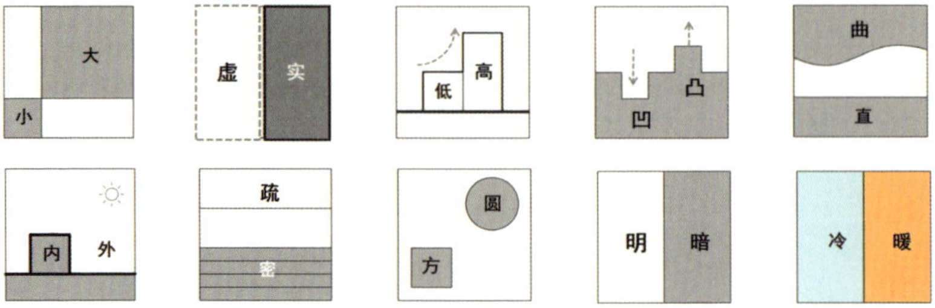

▲ 增加空间对比

（3）增强空间趣味

一些设计手法和元素的应用使空间具有视觉中心和趣味点。视觉中心应与主要人流来向对应。如通过造景、聚景、借景、悬景等方式形成视觉焦点。

造景

美国麻省理工学院礼拜堂

聚景

哥伦比亚麦德林市 Campos de Paz 公墓

借景

某建筑室内

悬景

捷克布拉格月亮俱乐部

▲ 增加空间趣味

59 空间高效利用的 3 种方式

通过多种复合手段的应用，能达到扩大空间和高效利用空间的目的。

（1）空间复合化利用

不同空间相互重叠设置，从而使叠合部分承担两种以上功能。复合化利用既能扩大空间也能节约空间，主要做法有：

①与交通空间复合利用。

②两个空间复合利用（例如餐厅兼做多功能厅、舞厅、会议室等）。

③空间与家具复合利用。

与交通空间复合利用

两个空间复合利用

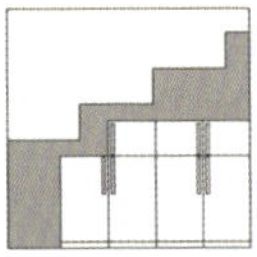
空间与家具复合利用

景观阶梯

亲子餐厅

楼梯收纳

▲ 空间复合化利用

（2）空间立体化利用

从高度层面对空间进行进一步划分，从而增加利用效率。主要包括空中利用、地面利用、夹层利用、错层利用。

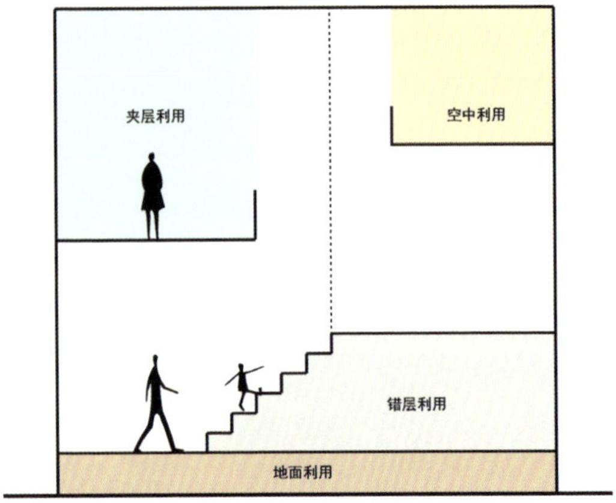

▶ 空间立体化利用

（3）空间动态化利用

从时间层面对空间进行分时段使用，从而增加利用效率。主要包括可变空间（分隔可变）和错时使用空间。

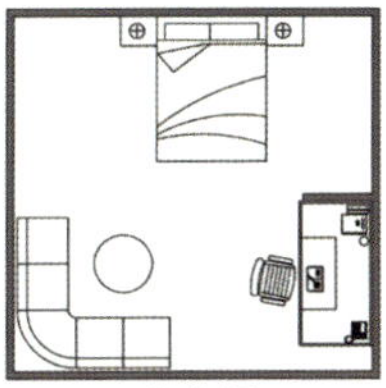

单人间

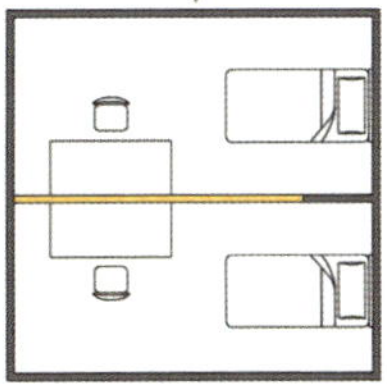

双人间

可变空间

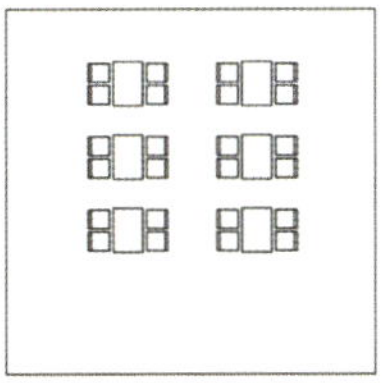

上午：儿童上课

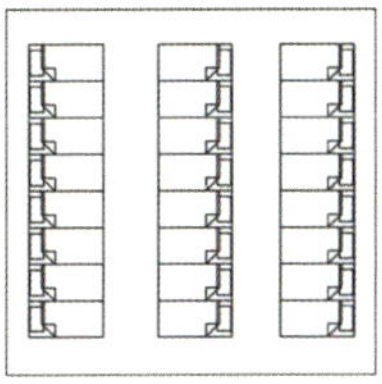

下午：儿童睡觉

错时使用空间

▲ 空间动态化利用

60 影响建筑层高的 3 个因素

（1）空间净高

空间净高主要取决于工艺要求、空间大小和设备安置等。一般空间大则净高要求高，空间小净高就低。常规空间最低净高为 2.4m，特殊功能房间净高（体育场馆、演艺场所、设备机房等）则需要结合具体功能要求确定，其更多是考虑工艺和技术（声学、视线等）要求。

（2）设备及管线占用高度

各种管线从机房通过管井到达各楼层，再通过空中或地面到达各使用房间。设备主要包括通风空调设备（吊扇、送风、回风管等）、消防设备（消防管线、紧急照明等）、电气设备（电缆桥架、灯具等）和自控设备等。除了设备及管线占用高度，吊顶也会占用部分高度。如果采用采暖楼面和架空楼面，还会占用一定高度。

（3）结构高度

结构高度主要和结构形式、做法直接相关。例如，框架结构建筑层高还包括梁高和楼板厚度。

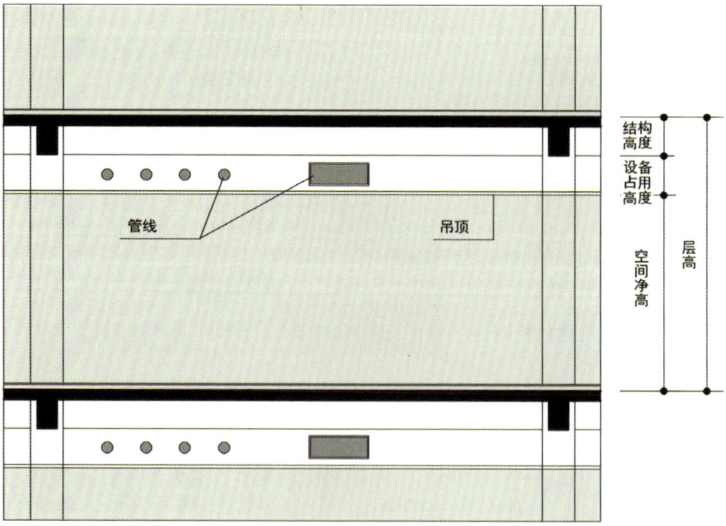

▲ 影响建筑层高的 3 个因素

61 不同部位的坡度要求

无障碍坡道：坡度为 1 ： 50、1 ： 20、1 ： 12、1 ： 10、1 ： 8。

普通行人坡道：室内坡度不大于 1 ： 8，室外坡度不大于 1 ： 10。

场地坡度：普通场地坡度为 0.2% ~ 3%、10%，运动场地坡度 0.2% ~ 0.5%。

机动车坡道：室内坡度为 10%、12%、15%，室外坡度不大于 8%。

自行车坡道：室外坡度不大于 3%，室内坡度不大于 25%。

屋面排水坡度：平屋面纵坡为 2%，结构找坡为 5%，压型钢板屋面纵坡为 14%，油毡瓦屋面纵坡为 20%，波形金属瓦屋面纵坡为 25%。

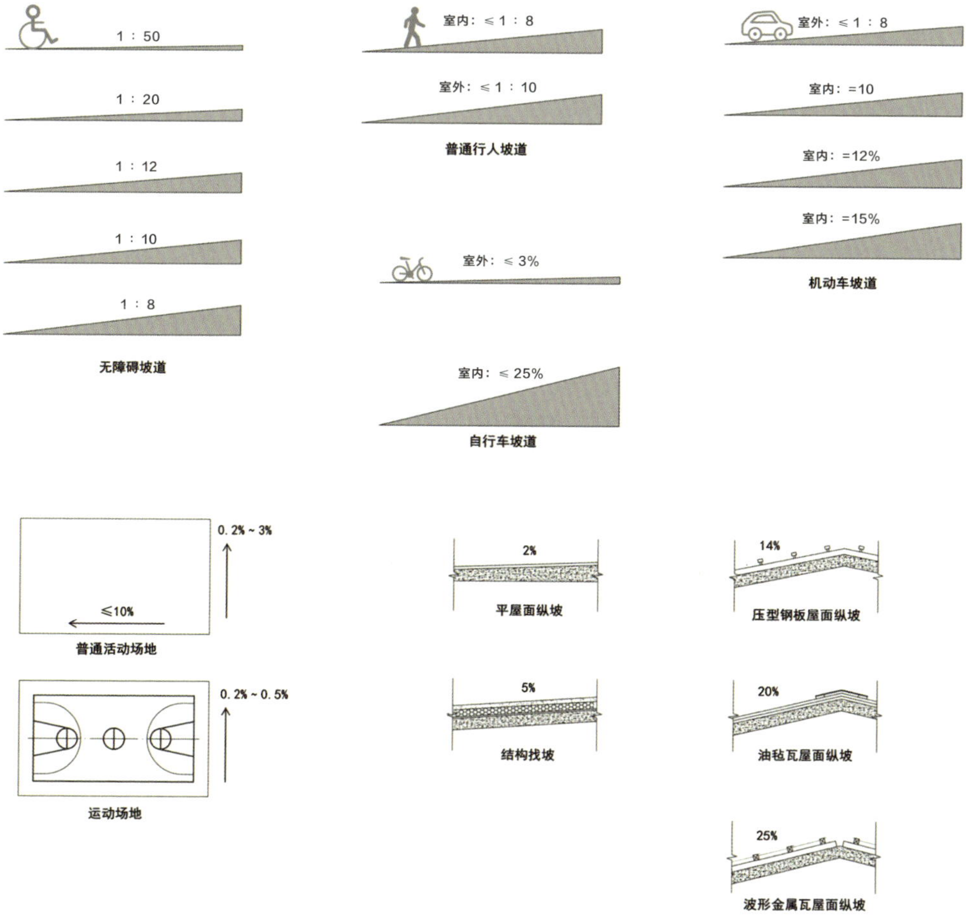

▲ 不同部位的坡度要求

62 公共厨房功能组织的 3 个原则

（1）功能完善，位置合理

公共厨房的主要功能包括原材料存储、加工和人员服务等，相应空间需求如下：

①原材料存储、加工区，包括从原材料进货到库房存放、从库房存放到初加工和初加工到细加工三个阶段。涉及空间为验收处、主副食库、调料库、初加工间、主副食加工间等。

②食品准备、回收区，包括从成品到餐桌和从餐桌回收、清洗两个阶段。涉及空间为配餐间、冷拼间、洗消间和垃圾回收间等。

③服务人员准备区，需要满足厨师和服务人员的更衣休息等需求，包括更衣间、卫生间、淋浴间、休息室等。

（2）分区明确，流线顺畅

分区应做到人流、物流分开，物流内部需要满足储藏加工分开、生熟分开、洁污分开、材料类别分开等要求。

各流线做到简短顺畅，各阶段流线不应有交叉、回流，各房间应按先后和洁污顺序排布，并且应有分隔。

（3）规模恰当，配置贴切

就餐区与厨房面积比一般为 2 ∶ 1；切配烹饪加工间面积一般不应小于食品处理区面积的 40%，清洗消毒区面积不应小于食品处理区面积的 10%，专间面积不应小于 $10m^2$。

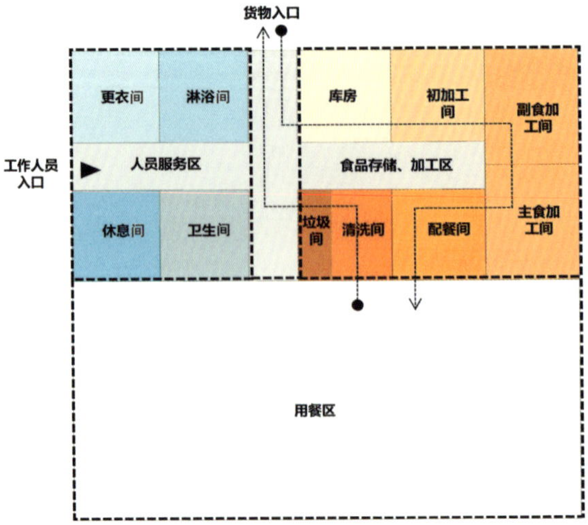

▲ 公共厨房功能组织

63 公共卫生间的类型

公共卫生间根据使用人群和特征分为下述类型：

（1）按使用性别分

分为男、女卫生间和第三卫生间（即家庭卫生间）。第三卫生间面积不应小于 $4m^2$，应设坐便器、洗手盆、多功能台、挂衣钩和呼叫按钮等设施。

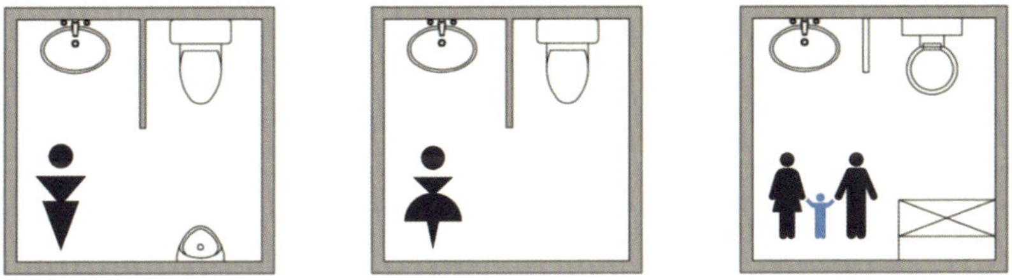

男卫生间　　女卫生间　　第三卫生间

▲ 公共卫生间的类型——按使用性别分

（2）按使用对象特征分

分为普通卫生间（供正常人使用）、无障碍卫生间（供老年人、残疾人等行动不方便的人使用）和第三卫生间。

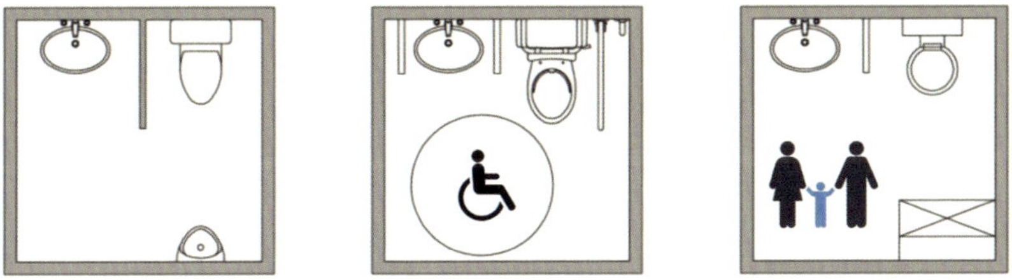

普通卫生间　　无障碍卫生间　　第三卫生间

▲ 公共卫生间的类型——按使用对象特征分

64 公共卫生间设计的 3 个原则

虽然公共卫生间面积不大，但对使用者及建筑品质影响较大，涉及内外、洁污、公私和动静等方面要求。

（1）位置恰当，避免干扰

卫生间一般在建筑主次入口附近并结合辅助空间设置（楼梯、机房、储藏室等），避免气味和视线对主要使用空间造成干扰。另外卫生间属于污染性和有水房间，应避免布置在变配电室周围和厨房、就餐区上部。

（2）分区明确，尺度适宜

卫生间主要包括化妆洗手、便溺和辅助（清洁、储藏等）等功能区域，内部流线应符合内外、洁污、公私等原则。小型卫生间一般采用直进式方式，大型高档卫生间入口处多采用迷路式设计。

卫生间内部交通路线简洁，空间功能复合；另外在洁具数量上，应和使用人数相符合，男便位与女便位比例以 1 ： 1 ~ 2 ： 3 为宜。

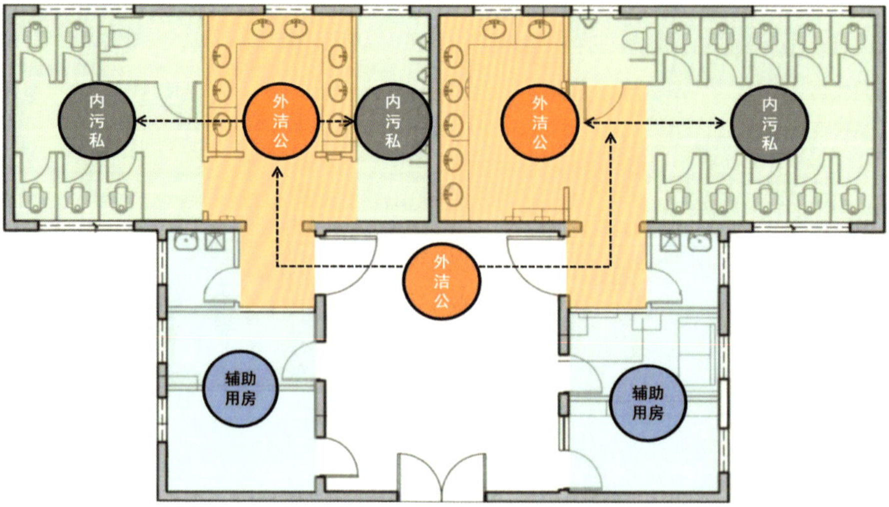

▲ 公共卫生间设计原则之分区明确，尺度适宜

（3）视觉卫生，环境舒适

一是避免便溺区与内侧走廊、外部窗户的平视、俯视视线发生干扰；二是室内采用负压做法解决气味扩散问题；三是尽量有自然采光、通风以提高内部空间环境的舒适性。

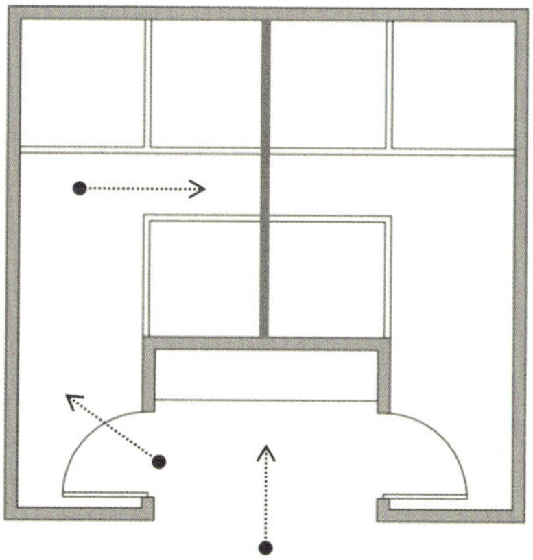

视觉卫生

环境舒适

▲ 公共卫生间设计原则之视觉卫生，环境舒适

65 游泳池的功能流线

游泳池是有严格先后顺序和卫生要求的功能区。主要根据使用者和泳池用水要求配置相关用房和流线。

（1）功能空间构成

游泳池功能空间主要包括四部分：公共区域（包括门厅、管理用房等）、更衣区域（包括男女分设的更衣室、淋浴室、公共卫生间、消毒通道等）、泳池区域（包括游泳池、急救室等）及相关设备用房（包括加热设备用房、水质循环净化消毒设备控制室等）。

（2）功能流线

路线按入口门厅、更衣室、淋浴室、消毒通道（包括强制淋浴和浸脚池，浸脚池池长 2m，宽度应与走道相同，深度至少为 20cm）、游泳池的顺序布局。

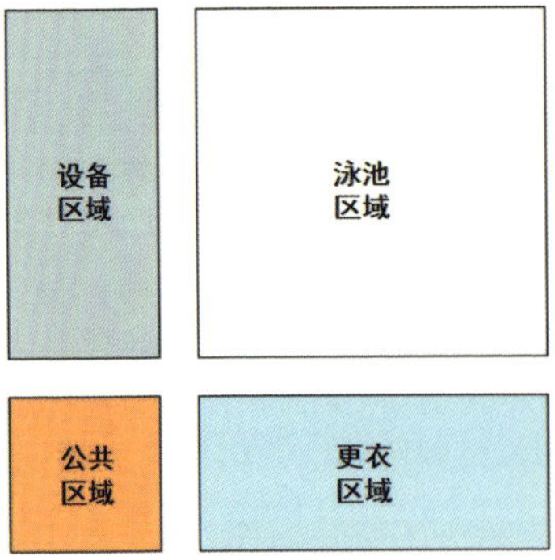

▲ 游泳池的功能空间构成

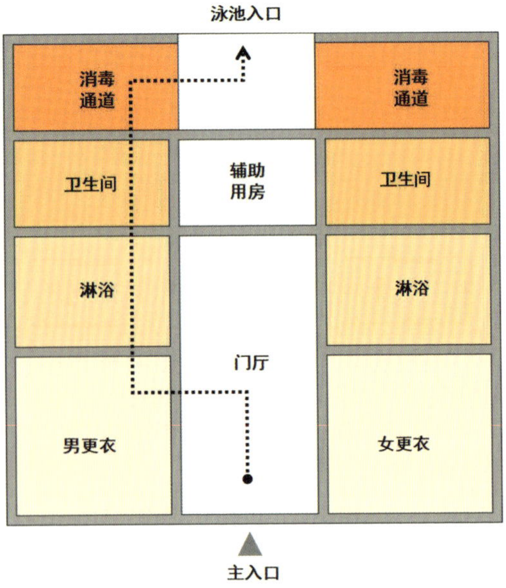

▲ 游泳池的功能流线

（3）空间尺度

①游泳池：标准游泳池长 50m，宽 21m，另有长度 25m 的游泳短池。一般设 8 条泳道，每道宽 2.5m，边道另加 0.5m，水深 1.8 ~ 2.2m。游泳池的池岸宽一般长轴出发台端不小于 5m，短轴端不小于 2m。空间净高一般为 8 ~ 10m。

②更衣、淋浴区域：更衣区域应设一人一个的密闭更衣柜、更衣空间及更衣座凳。

淋浴室按接待泳客数每 20 ~ 30 人设一个淋浴喷头。

公共卫生间便器数量为男卫每 60 人设 1 个大便池和 2 个小便池，女卫每 40 人设 1 个便池。

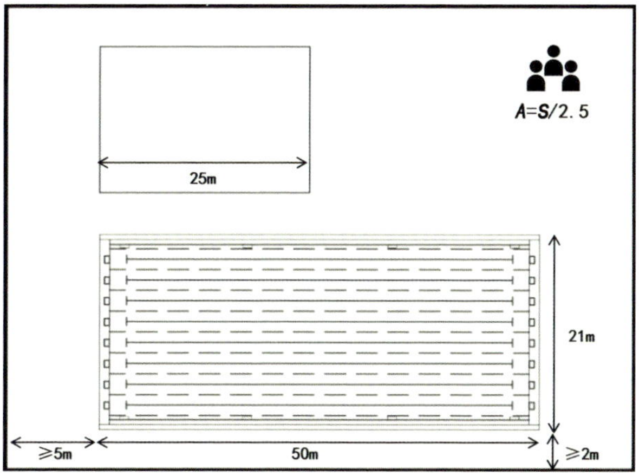

▲ 游泳池的空间尺度

（4）泳池接待人员计算标准

接待泳客数计算方法：$A=S/2.5$

式中：A——接待泳客数；

S——游泳池水面面积。

66 地下车库的 4 个排布原则

地下车库一般占总建筑面积的 25% ~ 30%，建造成本占项目总成本的 20% 左右，所以车库布置的合理性和经济性越来越受到重视。

（1）边界规整，减少异边

车库平面轮廓应尽量规则方整，减少异型、边角空间，以提高车库空间的利用率。

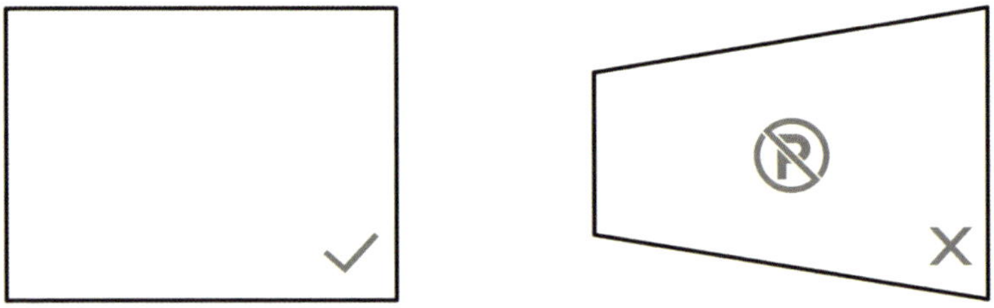

▲ 边界规整，减少异边

（2）车道成环，顺应长边

主要停车区车道应顺应车库用地长边布置以减少交通空间面积，另外车道成环成网布置，以利于交通及方便使用。

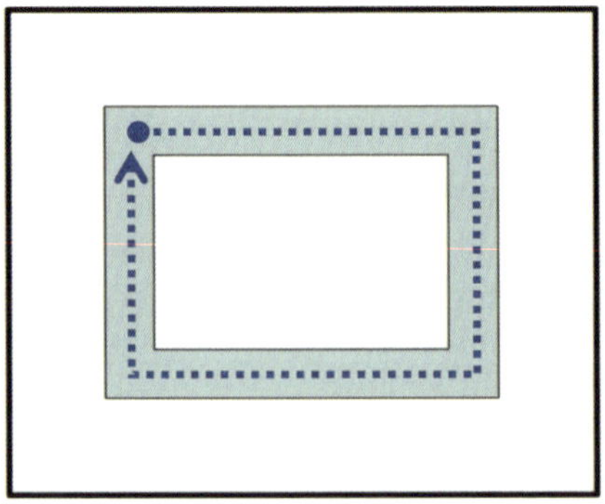

▲ 车道成环，顺应长边

（3）两侧停车，避免成单

采用两侧停车并避免单侧停车以提升经济性，而且应采用最经济的垂直式停车方式。

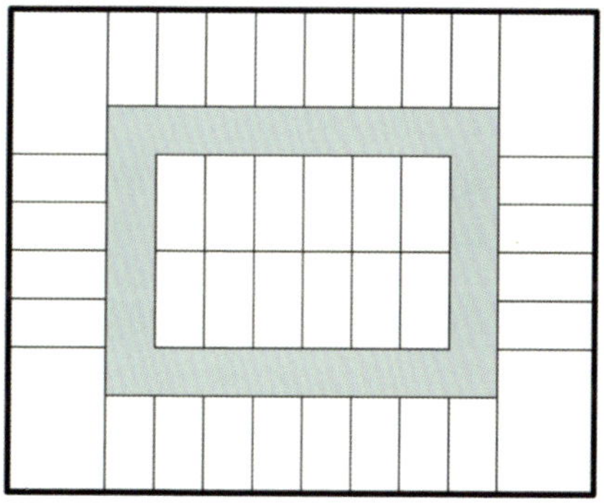

▲ 两侧停车，避免成单

（4）出口均匀，人车安全

车库出入口应结合车流来向和地面道路分散均匀布置，人员出入口主要满足使用及消防疏散要求，保证每个防火分区有两个出入口。

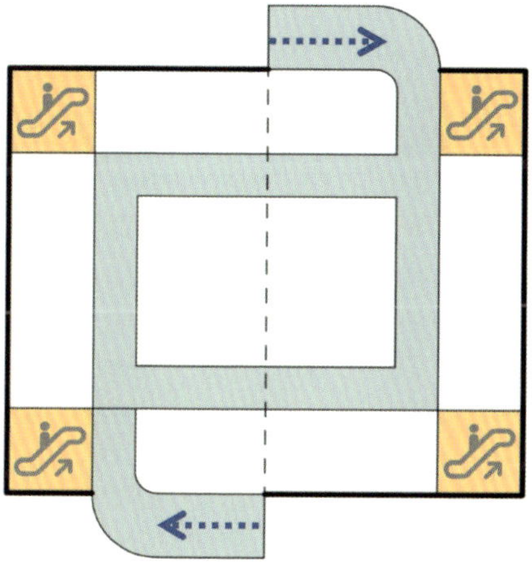

▲ 出口均匀，人车安全

67 地下车库常用技术指标

地下车库的经济性体现到建筑专业层面，其关键指标就是控制单车建筑面积、车库柱网和层高大小。

独立式车库建筑面积指标一般控制在 26 ~ 28m²/ 车，层高宜控制在 3.6m 以下（不包括覆土厚度），柱网尺寸在 8.1m × 8.1m 左右。

居住小区地下车库建筑面积指标一般控制在 32 ~ 35m²/ 车，层高宜控制在 3.6m 以下，柱网尺寸在 8.1m × 8.1m 左右。

公共建筑地下车库受到地面建筑、地下设备用房等影响，建筑面积指标一般控制在 35 ~ 38m²/ 车，层高宜控制在 4.5m 以下，柱网尺寸在 8.4m × 8.4m 左右。

人防车库建筑面积指标一般控制在 38m²/ 车以下，层高宜控制在 3.9m 以下，柱网尺寸在 8.1m × 8.1m 左右。

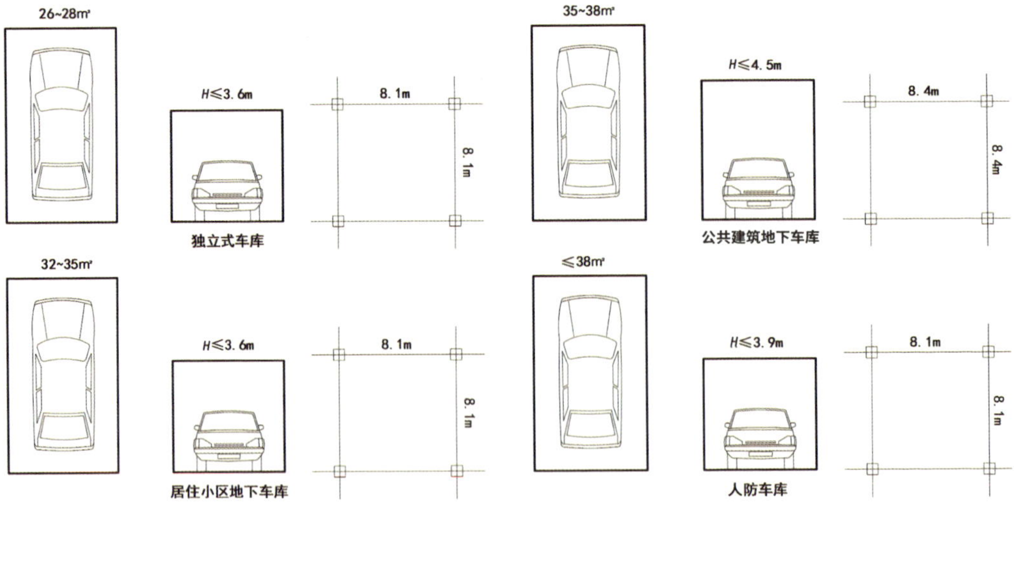

▲ 地下车库常用技术指标

68 视线设计的 4 个原则

视线设计的主要原则是看得见、看得清、看得全和看得舒适，而效果好坏主要和视点、视距、视角（水平视角、俯视角度）和座椅布置等因素有关。

（1）看得见

视线设计应避免在观众与舞台（主席台、体育场地）上的视点（或人员）间形成遮挡，主要影响因素是视点和视线升起高度。不同建筑类型的视点选择是不同的。

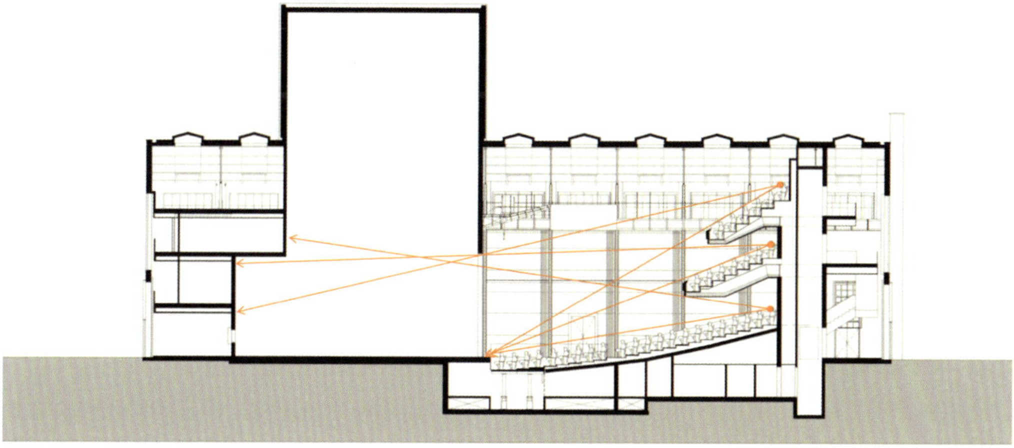

▲ 视线设计原则之看得见

（2）看得清

主要是根据观演性质确定视距最远点，满足观看不同尺度、演出的清晰度。

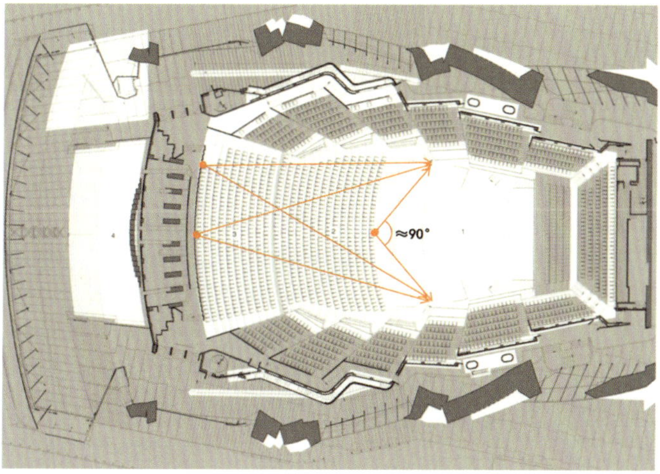

▲ 视线设计原则之看得清

（3）看得全

重点是控制前排两侧观众和最近处观众视线夹角。

▲ 视线设计原则之看得全

（4）看得舒适

是指在观看角度（包括水平和俯视角度）、方向、走道、座椅尺寸、声音效果等方面需要进行控制。

▲ 视线设计原则之看得舒适

69 酒店建筑的分类

（1）按客房数量分

小型酒店（300 间以下）、中型酒店（300 ~ 600 间）和大型酒店（600 间以上）。

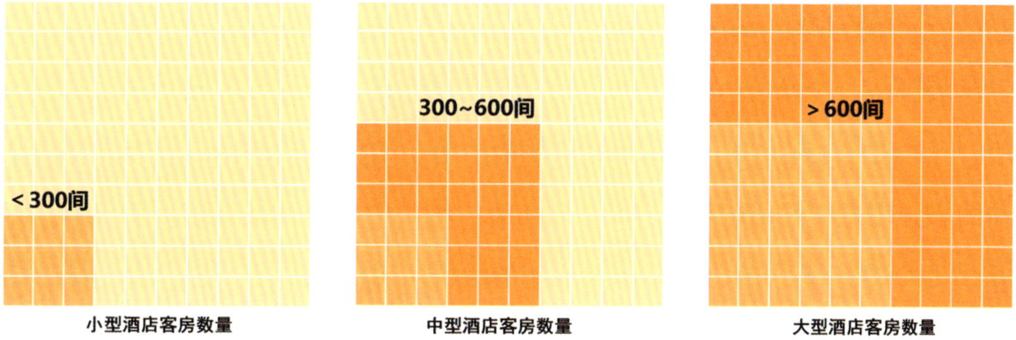

▲ 酒店建筑的分类——按客房数量分

（2）按星级标准分

《旅游饭店星级的划分与评定》（GB/T 14308—2023）规定，一星级、二星级酒店客房数量至少 20 间，三星级、四星级、五星级酒店客房数量至少 40 间。不同级别的酒店差别主要体现在功能、设施的配置和服务。

（3）按服务群体、服务功能分

分为商务酒店、精品酒店、度假酒店、主题酒店、快捷酒店（又称经济型酒店，以客房为主）、公寓式酒店等。

①商务酒店：以接待商务客人为主的酒店，除提供住宿外，还有会议、餐饮、娱乐等服务。客房数量一般在 100 ~ 300 间。客房面积一般为 100 ~ 120m^2/ 间。

②精品酒店：面向高端人群，环境条件较好，设计豪华精致，有特色和个性，客房数量一般会少于 100 间。客房面积至少 20m^2（不含卫生间）。

③度假酒店：一般建造在旅游风景区内，除提供住宿服务外，还有餐饮、接待、娱乐与游乐等服务设施，一般规模较大。

④主题酒店：围绕某一主题文化针对某种特定人群喜好而建造的酒店。客房数量不多，一般为 50 间左右。

⑤快捷酒店（又称经济型酒店，以客房为主）：面向普通人士、工薪阶层、自费旅游者和学生群体，服务模式为“B+B”（住宿 + 早餐）。

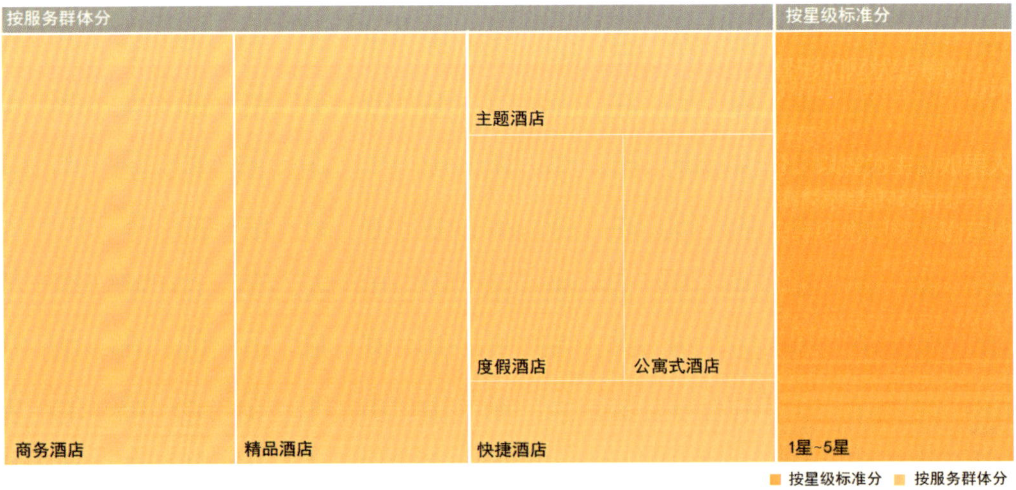

▲ 酒店建筑的分类——按服务群体、服务功能分

70 酒店建筑常用技术指标

（1）建筑规模技术指标

建筑规模一般按客房间数确定。如五星级酒店为 130m^2/ 间，四星级酒店为 100m^2/ 间，快捷酒店为 80m^2/ 间，商务酒店 100 ～ 120m^2/ 间，度假酒店为 130m^2/ 间。

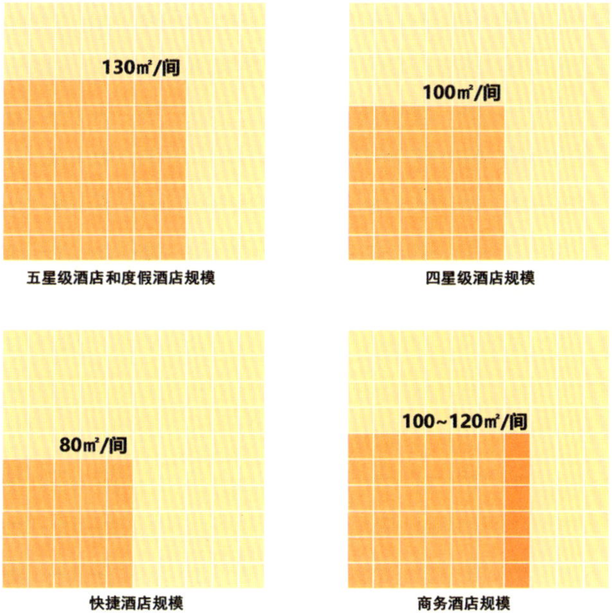

▲ 酒店建筑常用规模技术指标

（2）主要功能配比

五星级酒店：客房、公共部分（门厅、餐饮、会议、娱乐等）、后勤加设备用房面积比约为 2 ：1 ：1，即客房面积 50% ～ 55%，公共部分 25% 左右，后勤加设备用房 20% ～ 25%。

四星级酒店：客房、公共部分（门厅、餐饮、会议、娱乐等）、后勤加设备用房面积比约为 3:1:1，即客房面积 60%，公共部分 18% ～ 20%，后勤加设备用房 20% ～ 22%。

商务酒店：客房面积 70% 左右，其他 30% 左右。

快捷酒店：客房面积 80% 左右，其他 20% 左右。

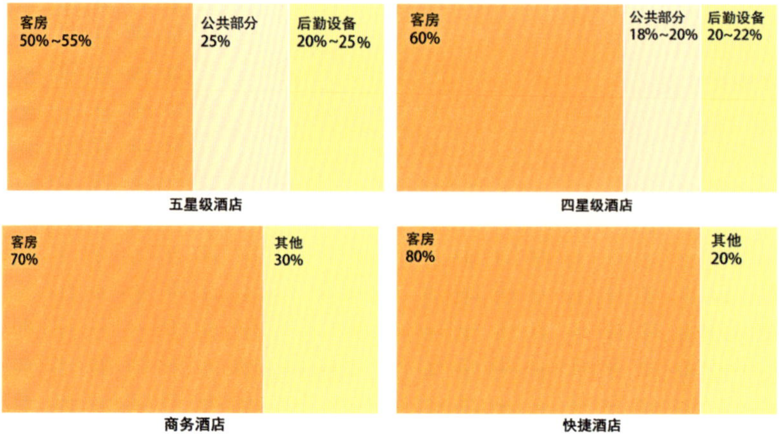

▲ 酒店建筑常用功能技术指标

（3）客房面积指标

五星级酒店一般40m²/间（开间4.2～4.8m，进深8.4～9m，不含卫生间及入口空间）；四星级酒店一般35m²/间（开间3.9～4.2m，进深7.2～8.4m）；度假酒店40m²/间以上；精品酒店25～35m²/间（3.6 m ×7.2 m）；快捷酒店15～20m²/间（3.6 m ×6 m）。

（4）每层客房间数

一般根据服务人员的工作量和建筑规模确定，每层设置14个、28个或42个房间。

（5）层高

客房层层高一般为3.6～3.9m。

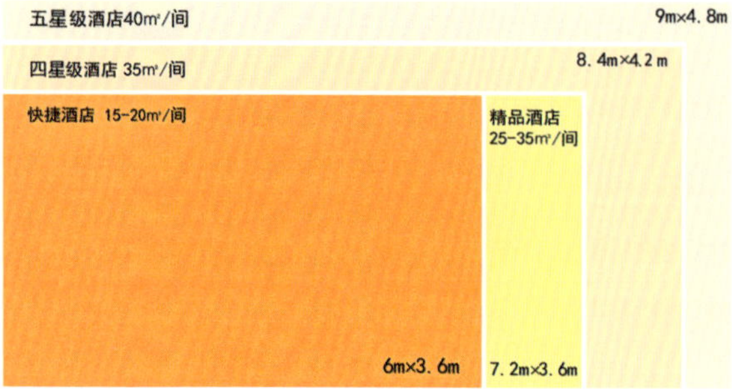

▲ 酒店建筑常用面积技术指标

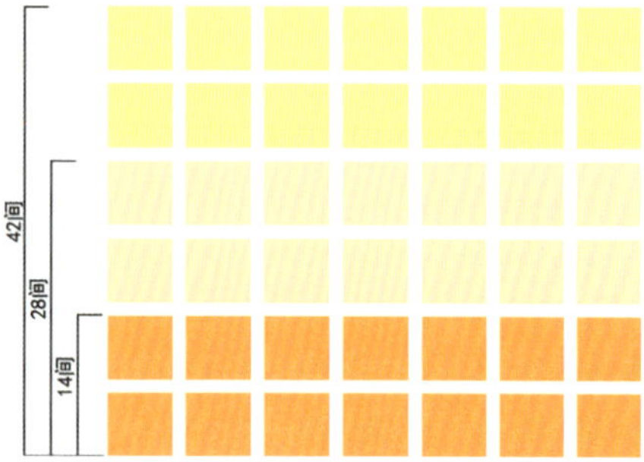

▲ 酒店建筑常用每层房间数技术指标

71 标准客房功能区构成

根据内外、动静、洁污、主次等关系区分，一般客房从入口到内部划分为入口区、生活区和休闲区三部分。

（1）入口区

一般包括储藏空间（壁橱）、盥洗空间（卫生间）和交通空间。

（2）生活区

主要包括睡眠空间和部分休闲空间，如观看电视、化妆和书写的空间。

（3）休闲区

即以休闲起居空间为主，可满足休息、会客、饮食等需求。

根据客房房间尺寸（一般长宽比为 2 ∶ 1），面宽 3.6 ~ 4.5m，进深 7.2 ~ 9m。生活区和休闲区可以前后或者左右排布。进深较大时，可以前后布置，即生活区在前，休闲区在后；面宽较大时，可以左右布置。

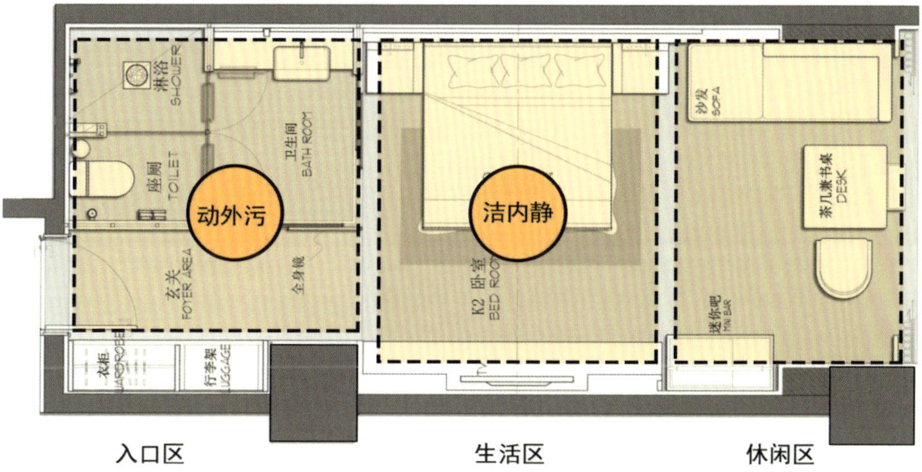

▲ 标准客房的功能区构成

72 图书馆建筑常用技术指标

（1）建筑规模技术指标

建筑规模一般以藏书量作为确定标准。总建筑面积按130 ~ 180m²/万册，容积率为1 ~ 1.5。

（2）主要功能区面积配比

藏书、借阅、咨询面积占比60%左右，公共活动用房面积为15%左右，行政办公及业务用房面积为15%左右，技术设备及后勤保障用房面积为10%左右。

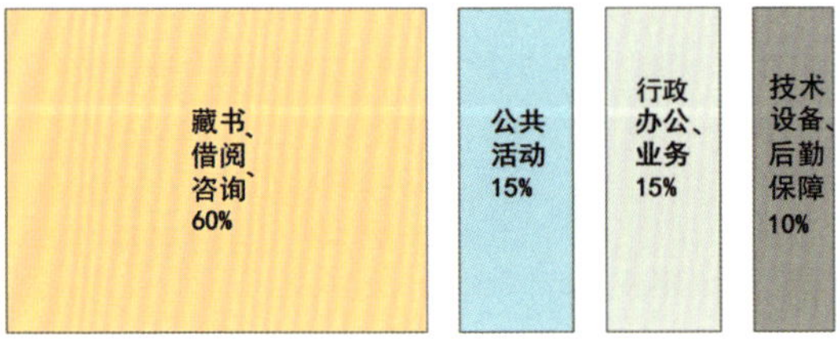

▲ 主要功能区面积配比

（3）主要房间面积指标

①阅览室：普通阅览室（含报刊阅览室）2.0 m²/座，电子阅览室（含音像）3.0 m²/座，研究型阅览室4.0m²/座。

②书库：闭架书库300册/m²左右，开架书库260册/m²左右，阅览室藏书250册/m²左右。

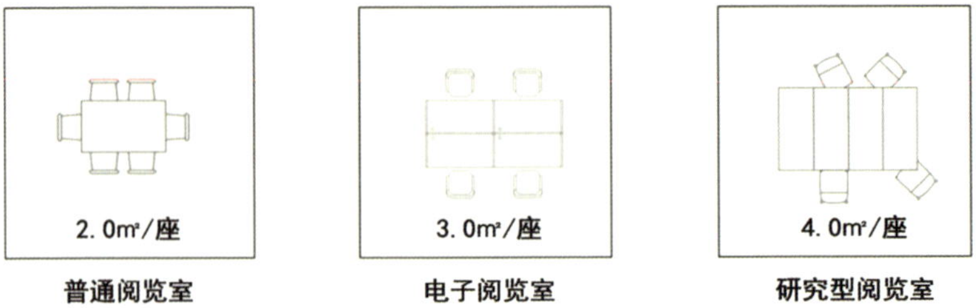

▲ 主要房间面积指标

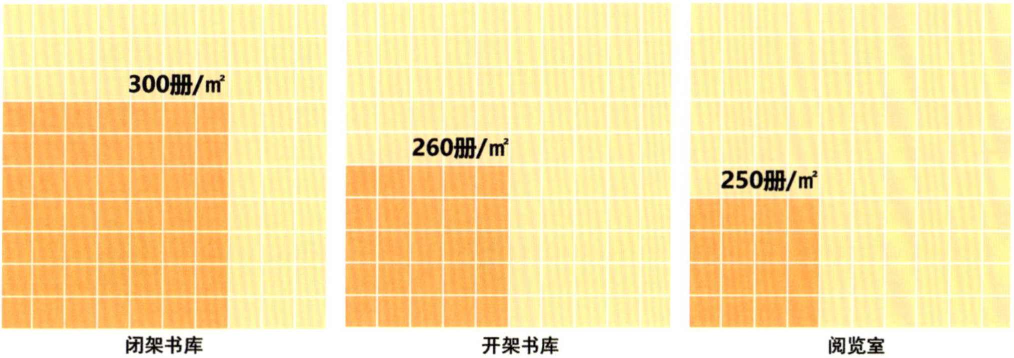

▲ 书库面积指标

（4）其他

柱网尺寸一般为 8.4m，层高一般为 4.5m 左右。

73 综合医院常用技术指标

（1）建筑规模确定

主要以床位数量作为计算标准。医院用地面积 109 ～ 117m²/ 床，七项用房（急诊部、门诊部、住院部、医技科室、保障系统、行政管理和院内生活用房）建筑面积 110 ～ 116m²/ 床，容积率一般小于 2。

（2）主要功能配比

门诊面积占比约 12% ～ 15%，急诊面积占比约 5%，住院面积占比约 40%，医技科室面积占比约 26%，其他 15% ～ 18%。

日门急诊量与床位比例一般按 3 ： 1。手术室间数：总病床数的 1/50 或每 25 ～ 30 外科病床数 1 间，ICU 病床为总床数的 2% ～ 5% 或按手术室间数的 1.5 ～ 2 倍计算。

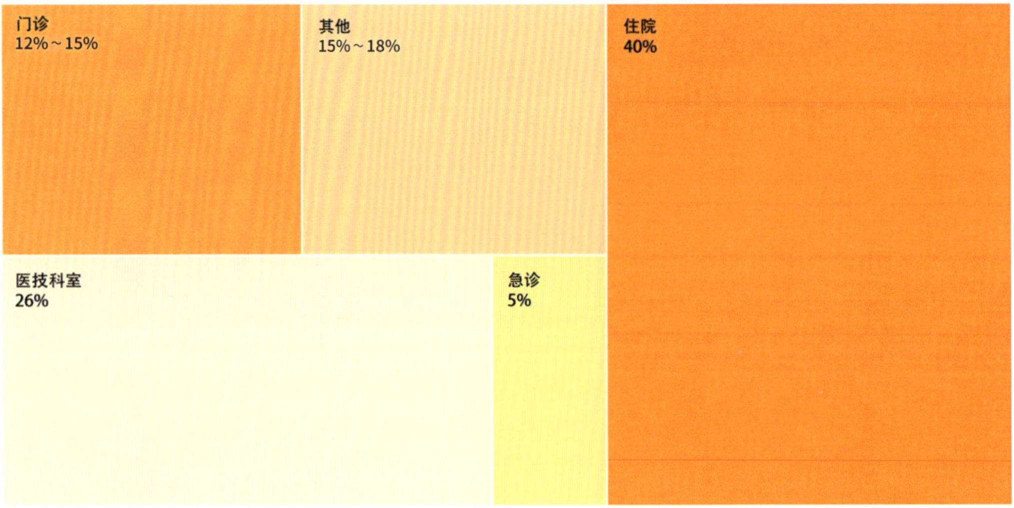

▲ 综合医院常用功能区面积配比

（3）主要房间面积指标

①住院部分：标准层病房护理单元数量一般为 40 ~ 45 床，按 30m^2/ 床控制护理单元建筑面积，每层病房间数约 20 间，病房按每床净面积 6m^2/ 控制。病房建筑进深一般在 20 ~ 22m。一个 ICU 单元内，床位数以 12 ~ 15 张为宜，病床面积为每床 18m^2。

②门诊部分：单人诊室使用面积每间不应小于 8m^2，双人诊室每间使用面积不应小于 12m^2。

③手术室：手术室总建筑面积可根据手术室间数每间按 240 m^2 估算。大手术室一般 35 ~ 45m^2，平面最小净尺寸为 5.4m×5.7m；中型手术室一般 25 ~ 35m^2，最小净尺寸为 4.8m×5.4m；小型手术室一般 20 ~ 25m^2，最小净尺寸为 4.2m×4.8m。

（4）其他

医院建筑柱网尺寸一般为 8.1 ~ 8.4m，门诊医技部分层高一般为 4m，病房楼层高一般为 3.6m。

74 中小学建筑常用技术指标

（1）建筑规模确定

中小学建筑一般以学生数量作为计算依据，同时根据班级数量及办学标准确定相应指标。

学校总用地面积一般为每生 20 ~ 32 m^2，学校总建筑面积一般为每生 6.2 ~ 12 m^2，建筑容积率一般为 0.65 ~ 0.8。

（2）主要功能区面积配比

建筑用地面积占比为 35% ~ 46%；体育活动场地用地占比为 30% ~ 42%，集中绿地用地占比为 15% ~ 18%；停车场用地占比为 6% ~ 8%。

教学及辅助用房建筑面积占比为 78% ~ 83%，行政管理及教研用房建筑面积占比为 11% ~ 12%，后勤及生活用房建筑面积占比为 8% 左右。

（3）主要房间面积指标

按班级人数确定，一般小学为每班 45 人，中学为每班 50 人。

每间普通教室使用面积一般为每生 1.4m^2，每间实验室使用面积一般为每生 2m^2。

（4）其他

教学楼柱网尺寸一般为 6.6（7.2）m×8.1（8.4）m，层高一般为 3.6 ~ 3.9m。

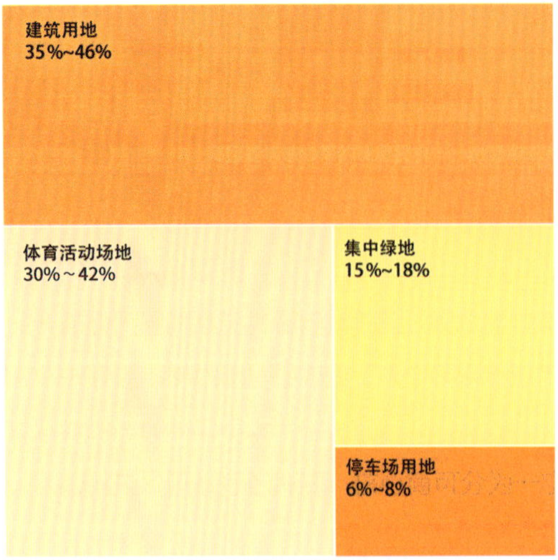

校园主要功能区面积配比

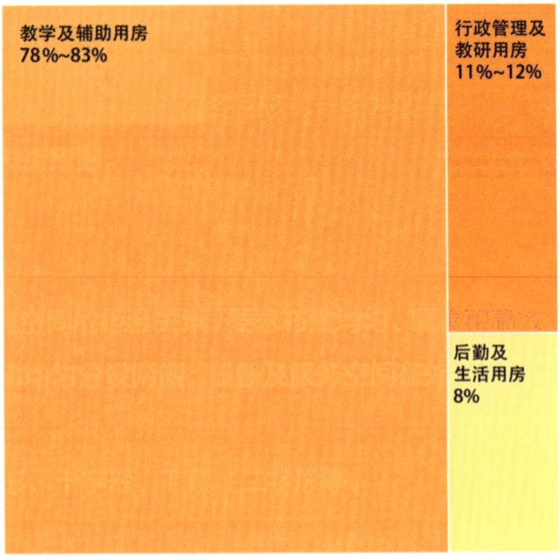

建筑主要功能区面积配比

▲ 中小学建筑主要功能区面积配比

75 办公建筑的类型和模式

办公建筑根据使用对象和业态类型分为下列 4 种：

（1）政务办公（自用）

该类办公建筑有标准限制。

（2）商务办公

①商务写字楼（出租为主）：选址位于城市中心区域，大型规模，主要以办公室及配套用房为主。

②公寓式办公楼（出售）：小型规模为主，除了办公用途外，还有就寝、盥洗、用餐等功能，由一种或数种平面单元组成，单元内设有办公室、会客室、卧室、厨房和卫生间等房间的办公建筑。

③酒店式办公楼（出租）：以酒店经营模式管理，平面形式参照客房布置，兼有办公和居住功能的办公建筑。

（3）总部办公（自用）

一般包括办公、研发和商务等功能空间。选址可稍偏，但环境要好，绝大多数为独栋办公楼形式，建筑规模一般在 1 000 ~ 10 000 m^2。

（4）共享办公（出租，注重经济和灵活性）

该类办公建筑注重经济性和灵活性，其发展趋势是空间可变性和空间共享性。即：把 30% ~ 40% 的空间用作共享区，如共享讨论区、会议室或演示场所等；剩余部分分隔成单人、联合开放或移动工位来出租使用。目前以中小型和微型企业入住为主。

办公空间有以下 4 种布局模式：

（1）单间式布局模式

该模式办公空间私密性好，体现了层级性。

（2）开放式布局模式

大空间形式，利用率高，体现了平等和整体性，但干扰多，私密性差。

（3）混合式布局模式

开放式和单间式结合而成的办公空间形式，具有分区明确灵活、公私结合、层级平等的特征。

（4）单元式办公布局模式

国内一般指由接待空间、办公空间及服务空间（卫生间、厨房等）组成的相对独立的空间布局形式。国外则主要由办公空间和非正式交流空间组成，不同单元空间和公共交流空间形成更大的空间单元。

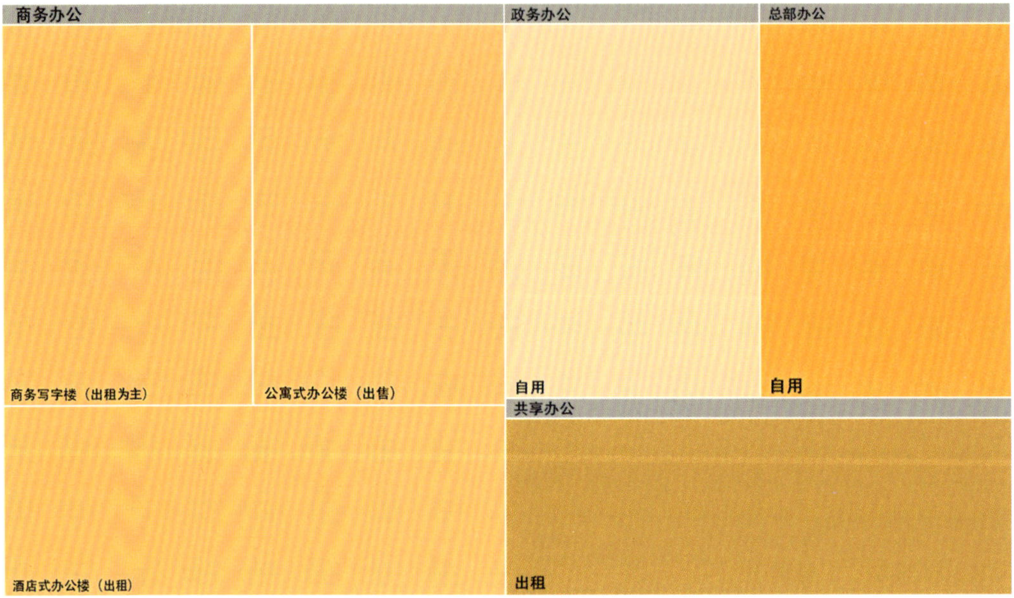

▲ 办公建筑的类型

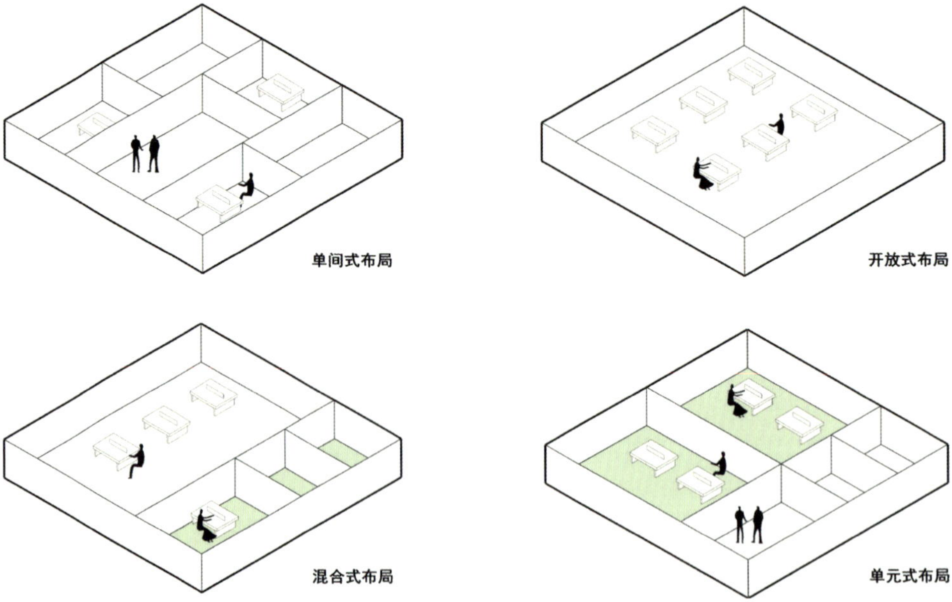

▲ 办公建筑的布局模式

76 公寓建筑的 3 种类型

公寓一般指非住宅性质的集合性居住建筑，包括居住式公寓、酒店式公寓、办公式公寓等不同类型，功能包括居住空间和不同类型的公共及辅助功能空间。消防类别属于公共建筑性质。

（1）居住式公寓

处于居住性质用地内，为日照标准和建筑间距不满足国家相关规范要求的居住建筑。户型和建筑面积与普通住宅相同。

▲ 居住式公寓

（2）办公式公寓

处于商业性质用地内，为商务人士提供中短期商务办公与住宿服务的建筑。户型大部分建筑面积在 30 ~ 90m^2 区间，设置独立卫生间、卧室和办公空间。公共空间设置管理、休闲、商业等配套设施。

▲ 办公式公寓

（3）酒店式公寓

处于居住性质用地内，为提供酒店式管理服务的住宅。大部分建筑面积在 30 ~ 90m² 区间，设置独立卫生间、开放式简易厨房和卧室空间。公共空间设置管理、休闲、商业等配套设施。

▲ 酒店式公寓

77 商业建筑的类型

（1）按服务范围分

按服务范围可以分为城市型商业综合体（100000m^2 以上）、社区型商业（30000 ~ 50000m^2 为主，偏重于餐饮，会增加一些文化特色内容）、商超（如百货店、超市，3000 ~ 5000 m^2）和住区型商业（如连锁店、沿街商铺等，200 ~ 500 m^2）。

商业综合体等大型商业业态主要包括购物零售、餐饮、休闲娱乐三类，三者面积常见比例为 5 ：3 ：2；商超及住区型商业则以零售为主。

（2）按运营模式分

包括自持出租运营、出售和出租运营结合两种。

（3）按布局方式分

商业建筑按布局方式分为集中式商业、分散式商业、商业街和混合式商业四种类型。

集中式商业包括大型商业综合体（如华润万象城、万达 MALL 等）和一些普通商超；分散式商业主要指分布在住区（连锁店、沿街商铺等）和街区中的中小型商业；商业街主要指中小型商业建筑沿线性或者团状排布从而营造出街道式消费场景的类型（如成都太古里）；混合式商业即集中式和分散式结合布置的类型，包括左右并置方式（如上海太古里、深圳万象天地等）和上下并置方式（如上海绿地缤纷城、深圳深业上城等）。

▲ 商业建筑的类型模式

78 商业建筑动线组织的 4 个基本原则

商业建筑的核心是内部商业铺面的分隔及增强使用者的使用体验，通过一些动线组织，达到可见、可达、适用、趣味的目的。

（1）中心性

在建筑中心部位加入不同形式动线形成内部交通主街，作为建筑的主要交通和休闲空间，同时有很多有商业价值的沿街铺面。重点是根据平面形式和业态类型选择适合的动线类型。

（2）均质性

商业建筑重要的是各铺位的价值均等，使各铺面均可见、可达并适用不同业态，避免出现隐蔽和难以使用的铺位，实现商业价值的最大化。

（3）识别性

识别性既要商铺本身有特色性，更要动线本身简洁且动线上的公共空间与众不同，以便使其更具空间亮点。

（4）趣味性

设计重点体现在功能和空间两方面：一是多元复合的功能业态构成及恰当的配置比例，二是公共空间设计的独具匠心。例如，特色主题贯穿其中，交通空间宜曲不宜直，点、线结合的中庭空间布置等。

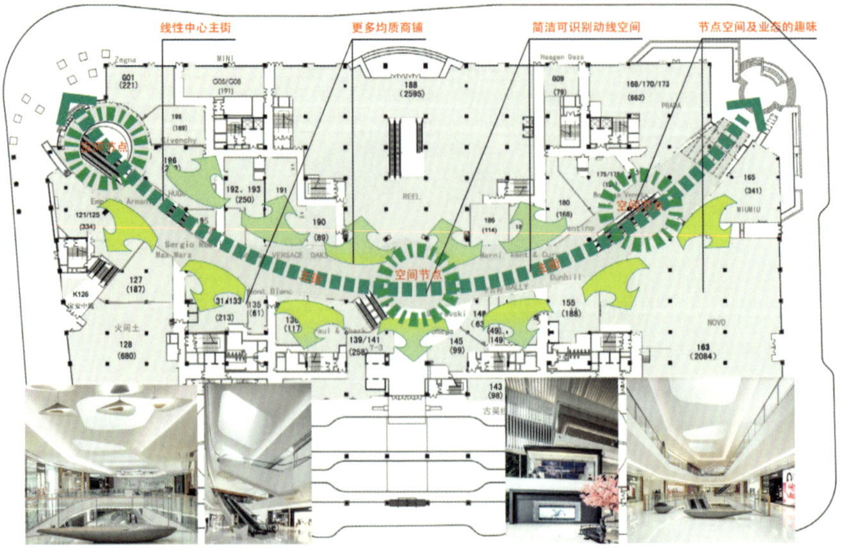

▲ 商业建筑动线组织

79 商业建筑的 4 种动线类型

大型商业建筑标准层面积一般在 20000 ~ 25000 m^2，设计的难点就是内部动线的组织，要让建筑形成一个高价值铺面多、商业价值均等、业态适应强、空间体验丰富的系统整体。商业建筑的动线类型如下：

（1）线形（哑铃状）动线

交通路线为线状，适合矩形平面类型，一般路线为曲线、折线、L 形等，同时动线上间隔设置多处中庭节点来避免单调。优点是路线直接、铺面可见、可达性高，不易产生商业死角。典型案例包括北京东方新天地、上海长宁来福士广场、上海国金中心商场等。

（2）环形动线

适合方形超大规模综合体商业建筑。交通路线为环线，路线中间通过间隔设置中庭避免单调。这种类型的交通动线顺畅，商业均好性高，但存在中间部分消防疏散难以满足规范的问题。典型案例包括上海的瑞虹天地太阳宫、维景印象城、南翔印象城等。

（3）放射形动线

适合长方形、方形等超大型商业建筑，包括 T 形、十字形等动线类型。空间简洁，存在易走回头路，小型铺面不易分隔以及可达性差等问题。T 形动线典型案例包括深圳万象城、杭州万象城等，十字形动线典型案例包括上海七宝万科广场等。

（4）混合型动线

即上述 3 种动线的相互组合。典型案例包括上海大丸百货等。

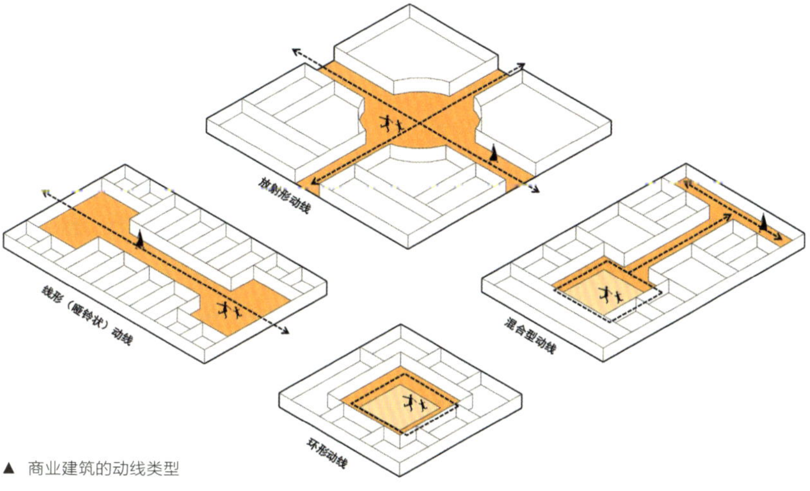

▲ 商业建筑的动线类型

80 传统建筑保护的级别分类

传统建筑根据管理属性有文物系统和住建系统两大分类模式。

文物系统根据保护级别高低将传统建筑划分为以下 4 种分类：

（1）建筑遗产（世界文化遗产）

从历史、艺术或科学角度看，具有突出的普遍价值的单独或相互联系的建筑群。

（2）文物保护单位（古建筑）

对确定纳入保护对象的不可移动文物的统称。级别从上而下依次为全国重点文物保护单位、省级文物保护单位和市县级文物保护单位三级，以及尚未核定公布为文物保护单位的不可移动文物。

（3）历史建筑

经城市、县人民政府确定公布的具有一定的保护价值、能够反映历史风貌和地方特色、未公布为文物保护单位，也未登记为不可移动文物的建筑物、构筑物。

（4）传统风貌建筑

一些虽然达不到历史建筑标准，但依然具有一定历史风貌的老建筑。

▶ 传统建筑保护的级别分类

住建系统城建保护分为历史文化名城、名镇、名村和历史文化街区两种类型。

（1）历史文化名城、名镇、名村

历史文化名城是指保存文物特别丰富，具有重大历史文化价值和革命意义的城市。包括历史古都型、传统风貌型、一般史迹型、风景名胜型、地域特色型、近代史迹型、特殊职能型 7 类。

历史文化名镇、名村：建筑遗产、文物古迹和传统文化比较集中，能较完整地反映某一历史时期的传统风貌和地方特色、民族风情，具有较高的历史、文化、艺术和科学价值。

（2）历史文化街区

经省、自治区、直辖市人民政府核定公布应予重点保护的历史地段，属于法定保护的区域，保护的重点是物质风貌遗存和传统文化的传承。

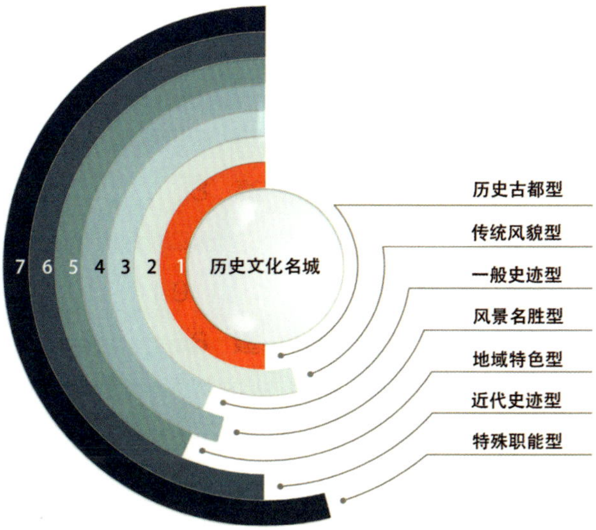

▲ 历史文化名城分类

81 建筑遗产的 6 种价值类型

建筑遗产包括建筑物、构筑物以及城市、村镇和与它们相关的环境。确定其价值主要依据为以下六点，前三点是《中国文物古迹保护准则》中明确的三大价值。

（1）历史价值

主要表现在历史信息完整性（在空间系统、建筑群、场地环境、交通与能源动力设施以及规划空间结构与城市环境肌理关系等方面的重要历史信息较完整）、真实性（反映当时、当地建筑空间格局、建筑形制、功能需求、技术水平等做法）与连续性（历史演变过程的信息连续性）。

（2）艺术价值

包括空间构成、造型、装饰和形式美，以及创意构思和表现手法等。

（3）科学价值

专指在科学史和技术史方面的价值，主要表现在规划设计、结构、材料和工艺，以及它们所代表的当时的科学技术水平。它们或者是科学技术发展过程中的重要环节，或本身是某种科学实验及生产、交通等的设施或场所，或者在其中记录和保存着重要的科学技术资料。

（4）文化价值

包括以下方面：外形和设计，材料和实质，用途和功能，传统技术和管理体系，位置和环境，语言和其他形式的非物质遗产，以及精神、感觉和其他内外因素。

（5）社会价值

指遗产能够帮助强化社区的群体价值，使得社区能成为一个适宜生活和工作的地方。主要指社会效益和社会影响。

（6）使用价值

既包括人类通过实际使用建筑遗产得到的满足，也包括使用（如展示）或交易建筑遗产的收益或成本。

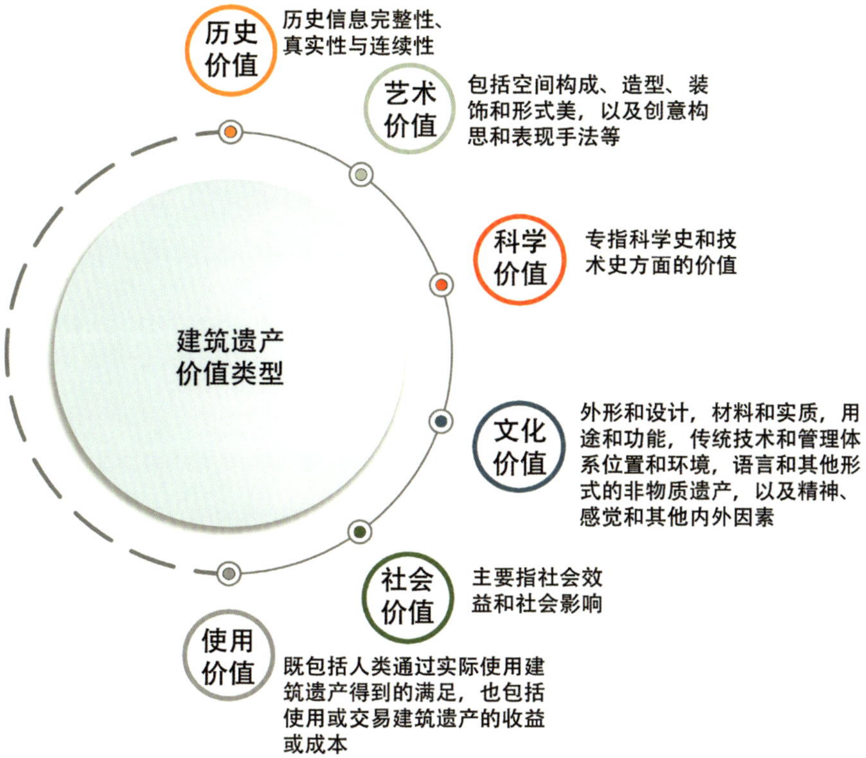
历史
价值
历史信息完整性、
真实性与连续性
艺术
价值
包括空间构成、造型、装
饰和形式美，以及创意构
思和表现手法等
科学
价值
专指科学史和技
术史方面的价值
建筑遗产
价值类型
文化
价值
外形和设计，材料和实质，用
途和功能，传统技术和管理体
系位置和环境，语言和其他形
式的非物质遗产，以及精神、
感觉和其他内外因素
社会
价值
主要指社会效
益和社会影响
使用
价值
既包括人类通过实际使用建
筑遗产得到的满足，也包括
使用或交易建筑遗产的收益
或成本

▲ 建筑遗产的价值类型

82 历史建筑的 4 个保护原则

作为传递历史信息和承载传统文化的物质载体，历史建筑的保护不是单纯的修复或维持现状，而是遵循一定的指导原则，以使其得到延续和发展。

（1）整体性原则

体现在两个层面：一是空间层面，从整体、统一的环境出发进行保护，体现和理解历史建筑传达的各种历史信息和价值，这种空间环境既包括物质实体也包括人文环境；二是时间层面，历史建筑保护是一个长时间的过程，所以要最大限度地保留历史原貌，为后期保护更新留有余地与可能性。

（2）延续性原则

通过保护能够让地域文化得到延续和传播。既要延续现有历史建筑风貌，如建筑风格、平面布局、形制、材料及工艺等，又要在此基础上加入新的元素或功能，体现新发展，形成新形象。代表性案如上海新天地等。

（3）层级性原则

进行历史建筑保护前，应先对其价值进行评价分析，根据价值的层次采取相应的保护措施。

（4）可持续性原则

一是从功能使用角度（包括环境、建筑及基础设施等方面）进行更新、完善和再生，使老建筑继续发挥作用和产生价值，从而得到更好的保护；二是保护技术措施宜具有可逆性和可恢复性，使后期技术发展时有更新可能；三是城市风貌和地域文化特色的延续，体现城市个性，提升城市价值。

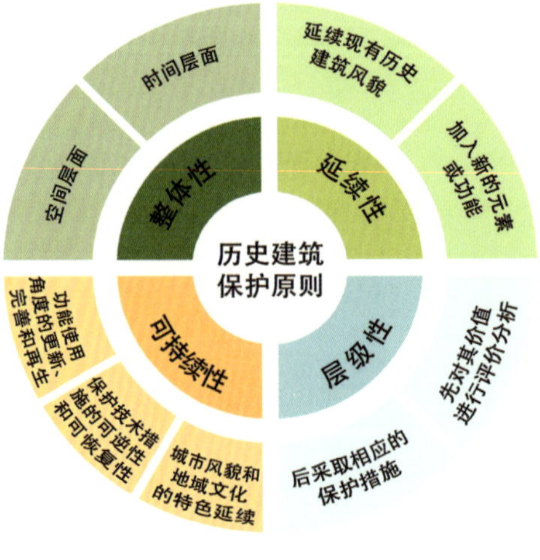

▲ 历史建筑的 4 个保护原则

83 消防设计的 4 个利于原则

消防设计的核心是通过不同层级的各专业设计措施，达到保障建筑内外人员和财产安全的目的，主要应遵循 4 个利于原则。

（1）利于防火

首先在于减少火灾发生的不利因素，避免自身、外来火源及相互影响，减少危险发生概率。

（2）利于控火

即把火灾控制在一定范围，减少蔓延。消防设计要考虑建筑总体布局、建筑间距和防护措施，建筑内部的上下、左右等的相互影响和防火分区大小、构件等。

（3）利于灭火

设计应满足专业消防人员及设备的灭火需要，以便其尽快进入和采取行动。

（4）利于疏散

设计应满足内部人员安全疏散需要（包括防火分区划分及安全出口设置，疏散距离、宽度等控制），以及保证撤出建筑后的场地环境安全（包括外部疏散场地、建筑间距等）。

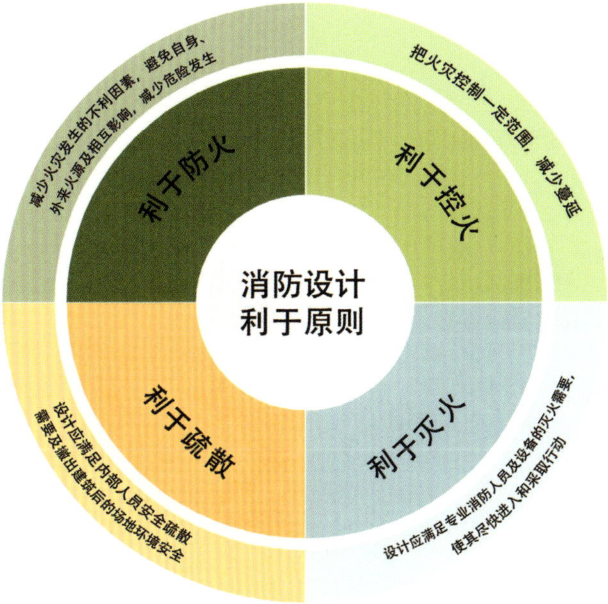

▲ 消防设计的 4 个利于原则

84 消防设计的 3 个层级

为实现前述的 4 个原则，建筑方案阶段重点从总平面层面、单体建筑层面和细节设计层面 3 个层级考虑。

（1）总平面层面

设计的重点是保证总平面布局合理、间距安全、道路成环。布局合理指类似功能或者火灾危险性建筑成组布置，避免过大、过长体块，周围有疏散场地，考虑当地主导风向及地势因素对火灾扩散的影响。间距安全指不同类型、高度建筑之间的距离满足防火规范要求，避免相互干扰影响。道路成环则是保证消防救援车辆和人员进得来、靠得近、停得下。

（2）单体建筑层面

重点考虑火灾控得住，人员进得去、出得来。火灾控得住指火灾一旦发生要能将其限制在一定范围内（包括本层水平方向和上下层垂直方向）。空间方面涉及防火、防烟分区划分和相关设备用房等（送风、排烟）的设置，构造及材料方面涉及分区分隔部位材料耐火性能、选择及做法。人员进得去是指外部消防人员能尽快进入建筑内部进行灭火救援工作。人员出得来是指建筑内部人员的疏散。空间方面主要涉及疏散出入口、疏散通道、疏散楼梯间和避难层等的设置，构造及材料方面涉及耐火性能、选择及做法。

（3）细节设计层面

重点是建筑各部位的构造要合理、尺度要适宜、材料要可靠。

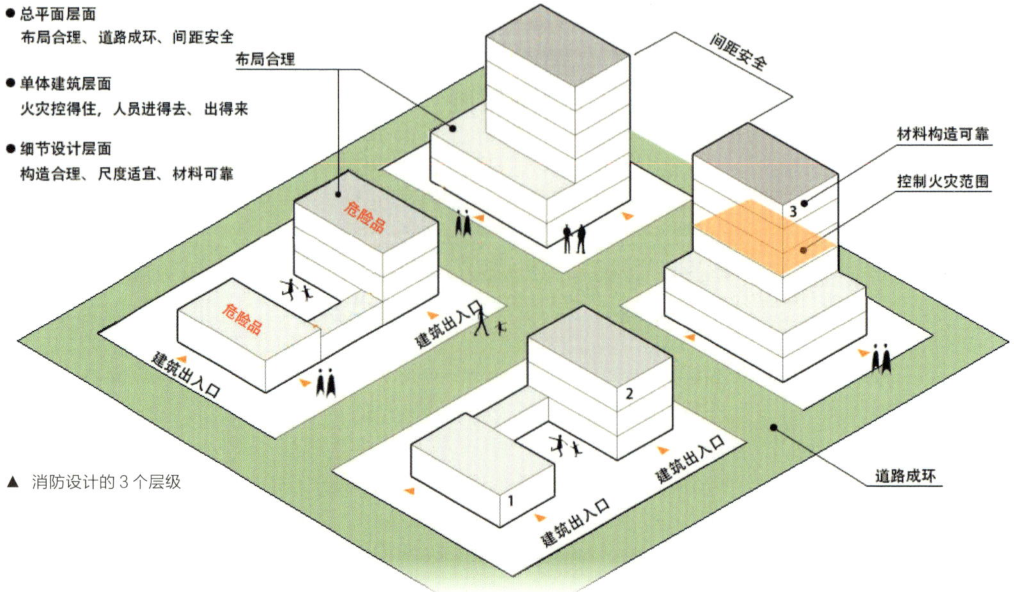

▲ 消防设计的 3 个层级

PART 4

第四部分

造型与美学

85 视知觉原理的 4 个特征

作为三种美感形态（形式美、意境美、意蕴美）之一，形式美是其他两种美感形态的基础，其注重的是构成视觉对象的组成元素所存在的内在秩序。

（1）整体性

人的视知觉不仅反映图形对象的完形，而且总是能最先把握它的整体。反映到建筑上，不管是建筑形体还是平面、立面角度，其外部轮廓都应该是整体有序的。

▲ 视知觉原理特征之整体性

（2）选择性

人们总是选择性地将少数事物作为视知觉的对象，视知觉往往优先选择具有新奇性、复杂性和动态性的对象。影响视知觉选择的一个重要因素是图形背景，即人类倾向于感知衬托在某一背景下而显得突出的因素。

▲ 视知觉原理特征之选择性

（3）恒常性

人们对所熟悉物体的认知不依视距、视角和亮度等外部环境条件的变化而变化，即视知觉有保持相对稳定性的特征，同时会产生经验式图像印象。反映到建筑上，一是充分利用设计原型、模式塑造既有形式风格建筑，二是反向操作，即打破人们固有的认知，以获得出乎意料的效果。

▲ 视知觉原理特征之恒常性

（4）简洁性

人的心理存在对复杂物体简洁化的倾向，找到物体轮廓的简化图形，易于感知、印象深刻，特别是常见图形、对称图形和有规律性的图形，这从反向说明设计应该力图采用这些手法以形成统一性效果。例如采用常见的长方形、正方形、三角形、圆形及相应简洁的形体，采用对称的布局或者形体，采用重复的体块等更易于形成统一性。

▲ 视知觉原理特征之简洁性

86 格式塔心理学中的 7 个视觉倾向

格式塔心理学是研究基本图形元素（点线面等）之间关联关系的理论，主要反映了图形的整体与个体关系。其视觉心理倾向有以下几个：

（1）相似性倾向（重复）

指某一方面相似、重复的图形单元易于形成整体，包括形状、颜色、特征等。像建筑形体单元、平面单元、立面窗户等均属于不同尺度的图形单元。

（2）接近性倾向（成组）

指距离相近的图形元素趋于组成整体，但注意图形元素应该是相同或者类似的元素。如建筑立面开窗和图面排版中分析图靠近布置。

（3）连续性倾向（对齐、完形）

人们倾向于将连续的元素视为一个整体。如相同的窗户通过竖向或者横向排列成为带形窗或者条形窗。

（4）封闭性倾向（完形）

彼此相属、构成封闭实体的各部分趋于组成整体。如围合成圆形或者方形广场的平面让人感觉是统一的，即使各围合元素不具有相似性。

（5）共同区域倾向（完形）

通过相同背景或者明确的边界轮廓把多个元素限定在一定区域内，从而使其成组为整体。如建筑上部的大屋顶能统领下部复杂的形体。

（6）图底倾向（选择性、对比）

说的是图形的主配角关系问题，也指的是正元素（需要关注的元素）和负空间（背景）之间的关系。

（7）焦点倾向（对比）

人们喜欢在复杂环境中寻找与众不同的特征点，即人眼会快速捕捉到和周围不一样的元素，像特殊的色彩、形状、大小等。因此，建筑出入口、屋顶等部位容易成为关键设计点。

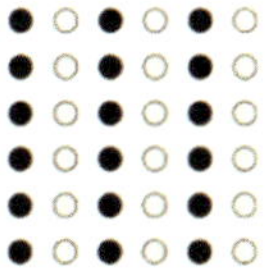
相似性倾向
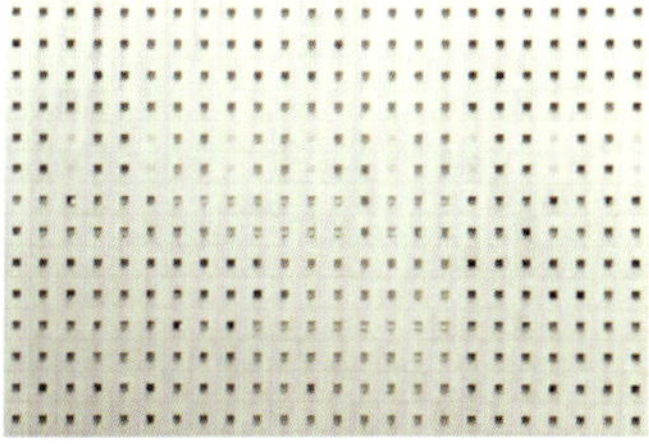
案例：Nikola olic 摄影作品

共同区域倾向

案例：阿布扎比 Pixel 住宅

接近性倾向

案 例： 洛 杉 矶 Mariposa 1038 公寓楼

图底倾向

案例：罗马城市地图

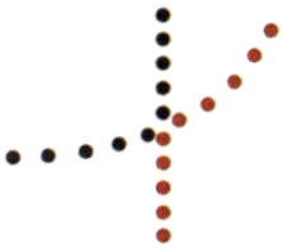
连续性倾向

案例：法国奥比维利埃 2en1 学生中心

焦点倾向

案例：上海 PORTS1961

封闭性倾向

案例：宾夕法尼亚文丘里母亲住宅

▲ 格式塔心理学中的 7 个视觉倾向

87 造型设计的 2 个基本美学原则

不管是形体、空间等三维层面，还是平面、立面和版式等二维层面的设计，都需要遵循前述的视觉规律，主要体现在 2 个基本美学原则上。

（1）统一与变化

统一的方式有两种：一是基于单一完整形体下的操作，可以认为是从整体到局部的操作过程；二是基于基本单元的秩序组合的操作，可以认为是从局部到整体的过程。

过于统一则单调且缺乏趣味，所以需要加入变化，一般通过对比来体现变化。变化是局部的，但一定要对比鲜明、强烈，主要包括大小、高低、形状、前后、横竖、虚实、明暗、色彩、质感等方面。

▲▶ 造型设计基本美学原则之统一与变化

(2)比例与尺度

比例与尺度是反映建筑自身及其与环境关系是否恰当的核心。建筑各部分(造型、空间等)一般需要在符合常规比例的同时具有统一的比例关系,这样才能让人感觉到和谐。尺度则要在建筑性质和环境关系分析基础上确定,大部分常规建筑需要和环境及人体使用尺度相统一,部分大型建筑、纪念性建筑需要体现仪式感或夸张效果,可以采用超尺度或者大尺度做法,少数特殊建筑则可采取近人尺度。

萨尔州大街住宅——立面构件、洞口尺度亲切宜人

常州文化广场——立面洞口超尺度处理产生雄伟、庄重效果

▲ 造型设计基本美学原则之比例与尺度

88 统一与变化的 4 个具体手法

实现统一与变化的手法主要有下列几种：

（1）重复

重复是相似性倾向的表现，反映到建筑中就是基本图形单元反复出现，即不管平面、立面还是形体设计，都是基本单元在水平和垂直方向上的重复。这种重复可以是形状、色彩、结构的相同或者相似。

（2）对齐

对齐是基本图形单元进行重复组合时遵循的基本原则，主要包括对称对齐（有明确的对称轴）、网状对齐（网格结构）和线式对齐（包括直线对齐、曲线对齐和折线对齐等）。

（3）成组

成组的主要目的是形成清晰的层次结构，一是避免出现过多独立的元素引起混乱，二是不同的视觉距离有不同的观看层次。例如立面中的窗户处理。

（4）对比

对比是形成设计变化的主要手段，分为形式对比、形态对比、色彩对比和质地对比等。形式对比包括主次（体块大小）对比、强弱对比、动静对比、虚实对比、明暗对比等，形态对比包括大小对比、曲直对比、高低对比、简繁对比、疏密对比等不同类型，质地包括柔软与坚硬、光滑与粗糙等。通过对比容易形成视觉焦点和突出主要内容。

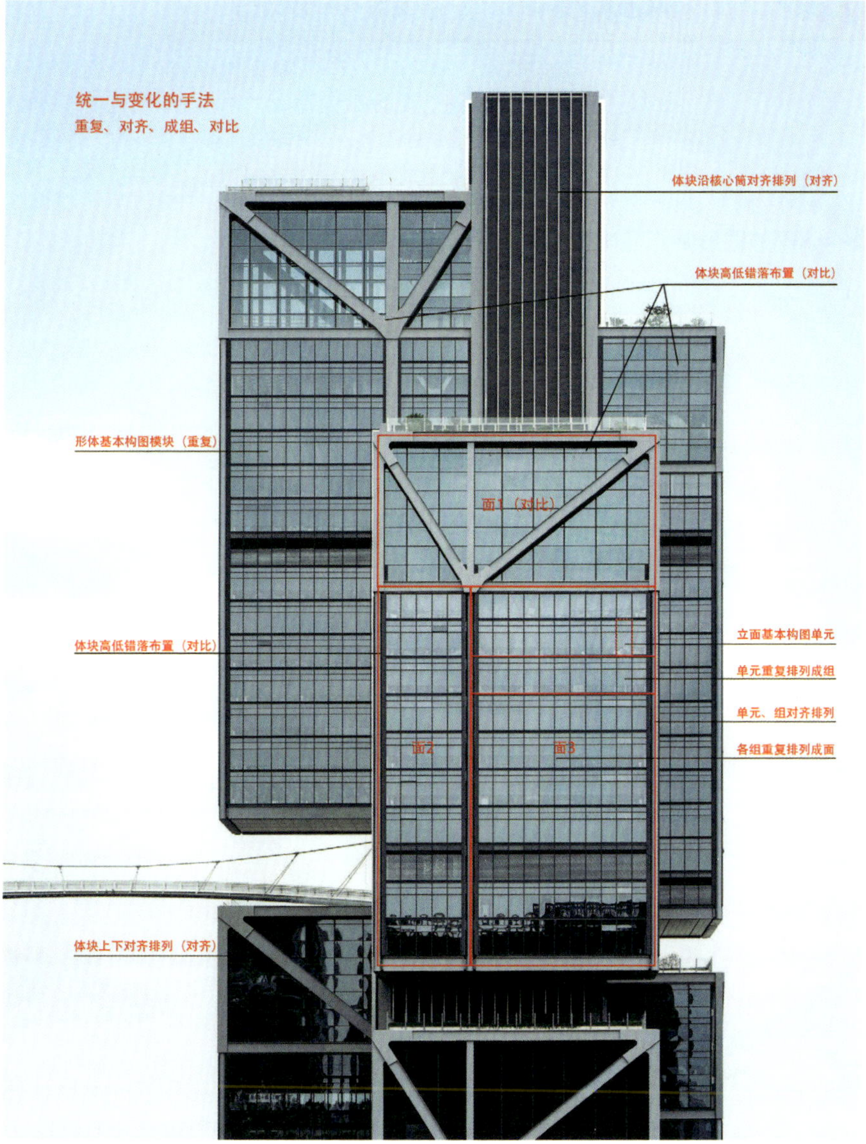

▲ 统一与变化的 4 个具体手法

89 形成秩序的 3 个基本原则

不管是建筑形体还是平面布局，具有一定的复杂性才会丰富，而复杂的形体组成需要符合一定的视觉秩序。

（1）具有明确的图形单元模块

通过单元模块的有序组织而具有秩序感和整体性，且这种单元模块最好是形式与功能相结合。此外，至少有 3 个单元模块重复才能形成韵律。

（2）具有清晰的组织结构

①线状结构：包括单线结构（直线、曲线、折线、环线、螺旋线和对称轴线等）和多线结构（放射轴线、多重轴线等）。

②网状结构：由有规律的方格网、斜交网或者线网结合的结构把构图模块有序组织起来。

（3）具有多样的层级序列

单一尺度的单元模块让人感觉单调，只有多层级尺度的模块构成才能形成丰富统一的秩序感。

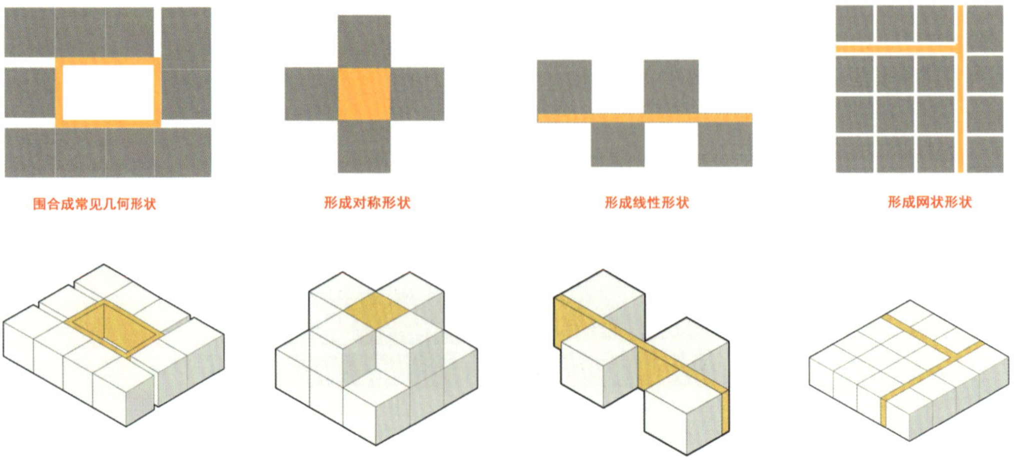

▲ 清晰的组织结构

90 比例协调的 3 个原则

比例是建筑各部分之间或者部分与整体之间的一种数量关系，协调的比例一般具有以下特征：

（1）符合常规比例

即符合数学比例、常见自然界中的比例等关系。除最普遍的 1 ：1.618 黄金分割比例外，人们常用的比例还有 1 ：1（正方形、圆形等）、1 ：1.414、2 ：3、3 ：4 和 5 ：9 等。

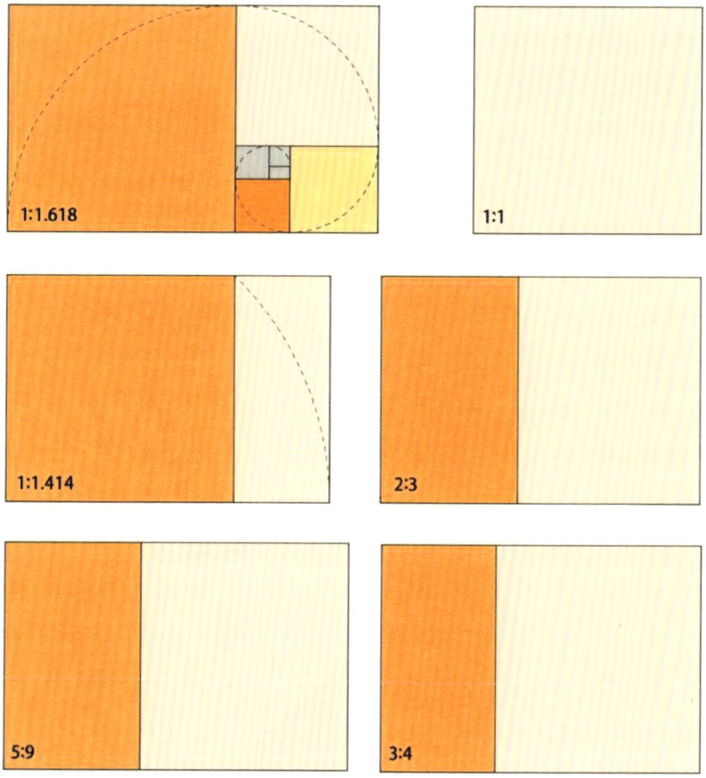

▲ 符合常规比例

（2）具有统一的比例关系

即在建筑物整体比例、各部分间的比例和建筑细部比例 3 个层面具有统一的比例关系。

▲ 具有统一的比例关系

（3）加入一定的对比

局部加入对比的比例既能形成变化，也不会造成混乱。例如在水平方向的建筑形体中加入垂直方向的楼梯体块，在大量矩形窗中加入局部方形窗，这些都会形成既协调又有对比变化的效果。

► 加入一定的对比

91 尺度适宜的 3 个原则

尺度来自对比，而对比对象不仅包括建筑整体与自身构件，还包括周围环境（地形地貌、树木、已有建筑等）和人体等。

（1）确定适宜的尺度类型

建筑尺度包括超人尺度、宜人尺度和近人尺度 3 种类型，不同建筑应具有适合的尺度。常规建筑采取宜人的尺度，而纪念性建筑及大型建筑应采用超出常规的尺度，小微型建筑则应采取近人尺度。

（2）形成适宜的尺度层级

建筑形体应根据不同环境适应不同的参照对象，符合街区（远距离）、场地（中距离）和细部（近人距离）这一序列尺度要求。只有符合不同的尺度层级才能使建筑既整体统一又有细节，使远、中、近都有丰富的视觉效果。

建筑形体一般要保证具有 3 个尺度层级的划分才能满足上述要求。建筑整体一般以 30 m 左右的尺度单元进行形体划分（体块分割），使建筑远距离观看具有尺度感；中距离则以 3 m 左右的尺度单元进行楼层角度的划分（层间分隔）；近距离以 30 cm 的尺度构件（门窗分隔、砖石材料、分隔线条等）从近人角度体现建筑的真实尺度。

（3）选择适宜的尺度表达

适宜的尺度主要从以下途径获得：①从周围环境中获取（特征环境、周围建筑体量、布局、立面构成等），这是与周围环境协调的基础。②根据使用对象确定。根据建筑性质和使用对象确定合适的尺度，特别是宗教建筑和大型建筑等需要超人尺度的建筑，确定合适的超尺度表达是难点。③自身构件形成清晰的尺度标志。

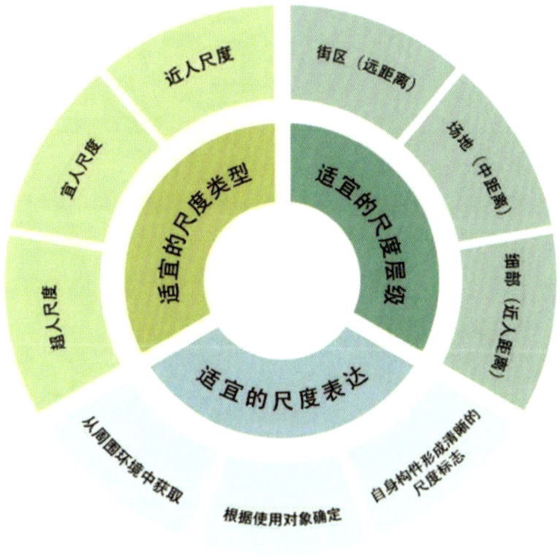

▲ 尺度适宜的 3 个原则

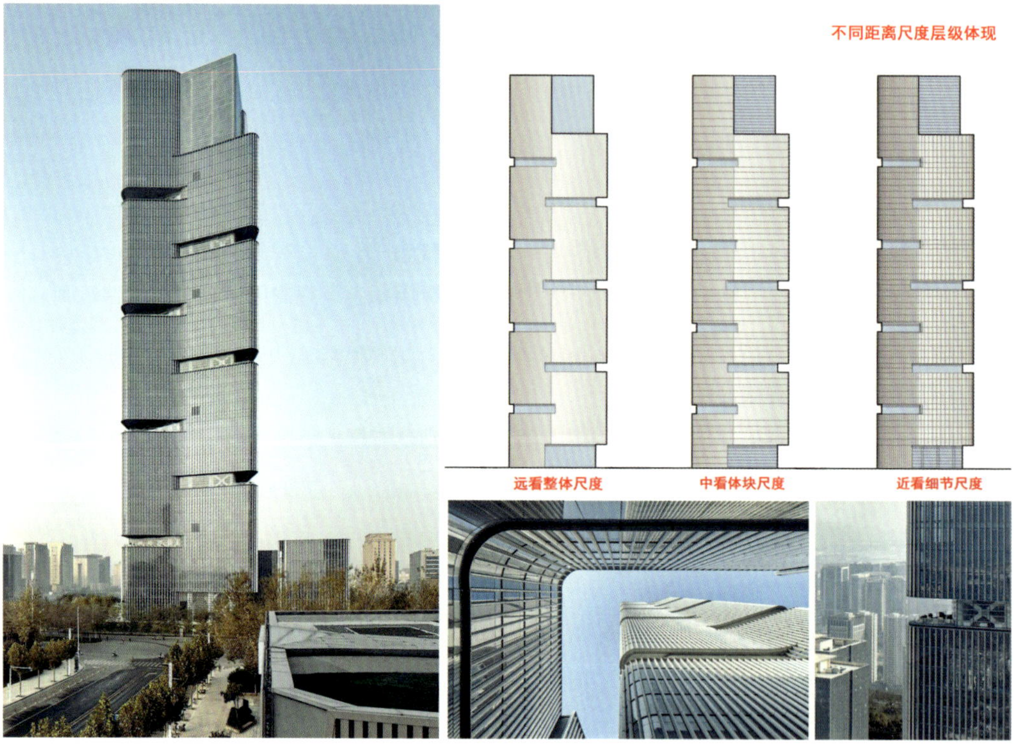

▲ 尺度适宜的 3 个原则实际案例示意

92 传统建筑立面的 3 种做法

从自然界中的动植物，到东西方的传统建筑，在形象上大部分是由三段构成的，即头部、躯干和底部，建筑中的三段式和五段式立面都是经典的处理方法。

（1）竖向三段式

无论是中国传统建筑还是西方古典建筑，在竖向立面上基本都是典型的三段式做法：基座、主体及屋顶三部分。

例如西方古典主义三段式建筑，檐部、柱廊和基座之比为 1 ：3 ：2。

中国传统建筑三段式则是越重要的建筑屋顶越大、基座越高，屋顶、主体和基座之比可达到 3 ：1 ：2；次重要的建筑屋顶、主体和基座之比为 2 ：1 ：2。

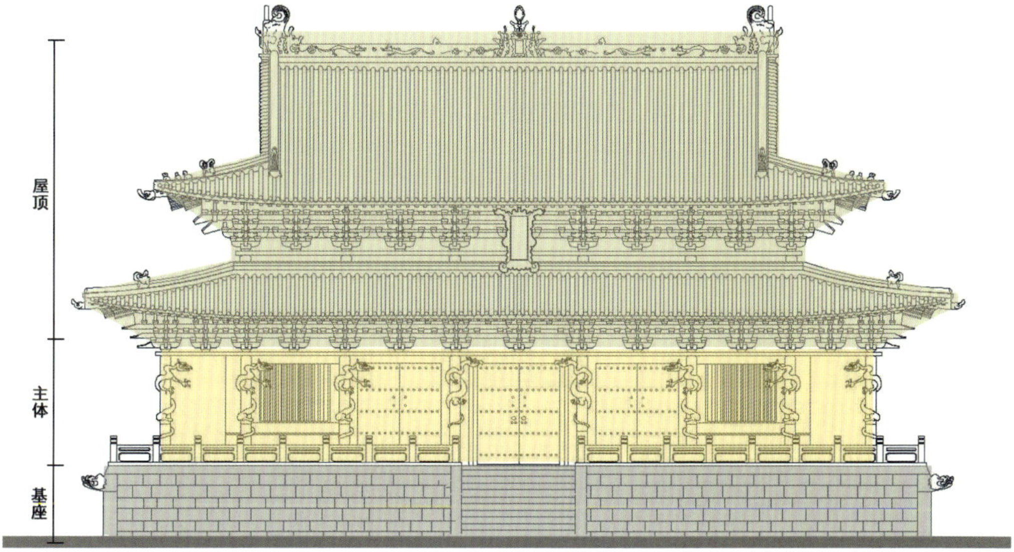

▲ 传统建筑立面的 3 种做法之竖向三段式

（2）横向三段式

为了强调中心变化，会通过中心对称的方式对中间部位进行特殊处理，形成左、中、右的横向三段式立面结构。

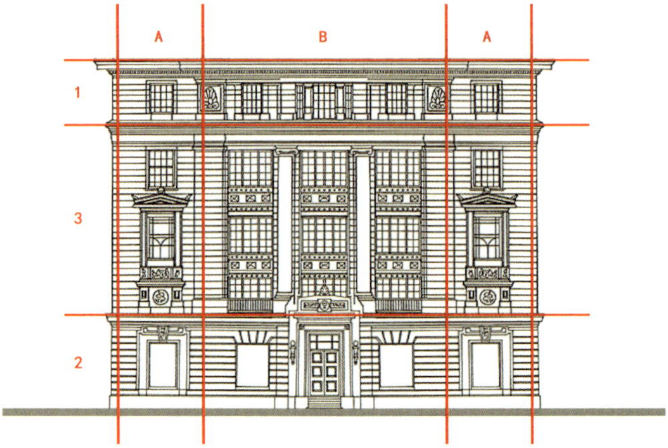

▲ 传统建筑立面的 3 种做法之横向三段式

（3）横向五段式

对于横向较长的建筑，为了避免单调，会在横向三段式基础上，进一步在左右两端进行特殊处理（平面上有进退变化，立面上也有高低变化），形成横向五段式结构。

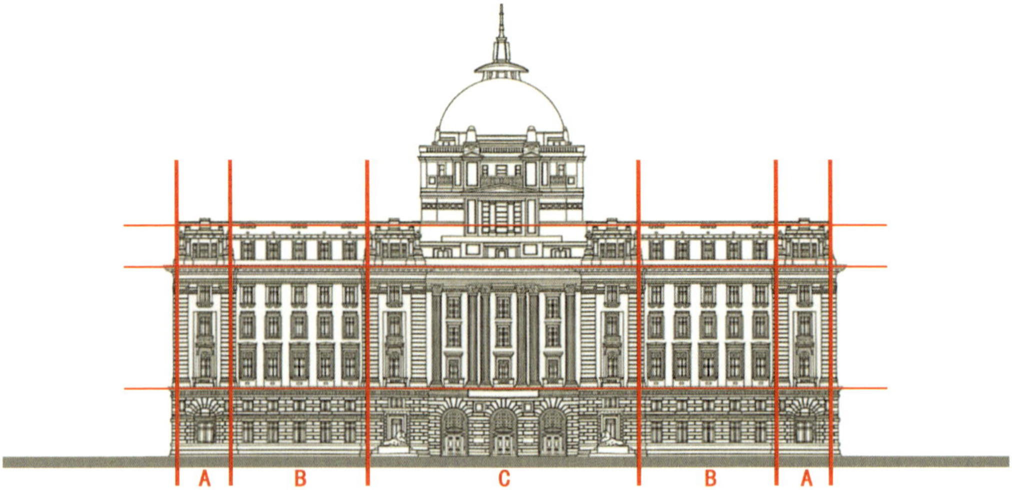

▲ 传统建筑立面的 3 种做法之横向五段式

93 高层建筑造型的 3 种典型做法

由于高层建筑的平面布局及结构的关系，其造型的灵活性受到一定的限制。

（1）对单一体块进行物理操作

高层建筑形体一般为长方体、棱柱体、圆柱体、锥体等简单几何体，在不破坏体块整体性的情况下，对几何体块进行物理操作，包括切割、切片、挖洞、错位、旋转（水平、垂直、三维）、折叠、拉伸、分裂、扭曲、渐变、挤压和褶皱等，以及加减或切削（从不同尺度影响对整个形体）。

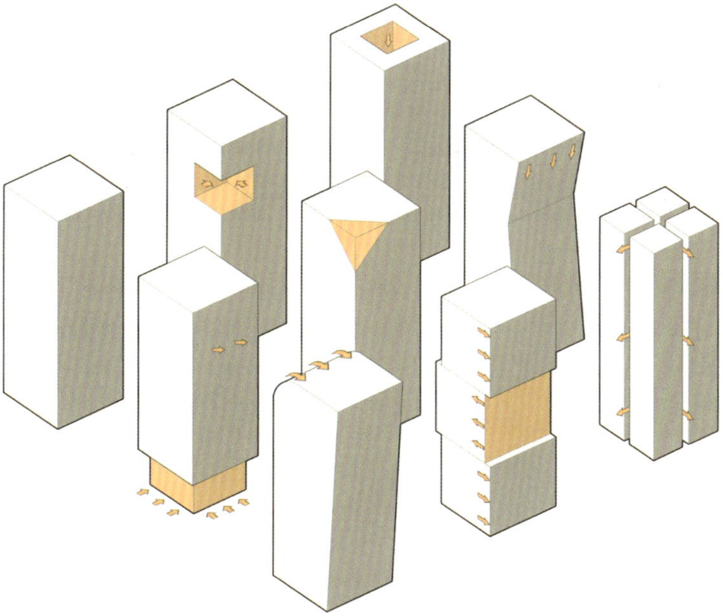

▲ 高层建筑造型的 3 种典型做法之对单一体块进行物理操作

（2）对单一体块进行表皮变化操作

①单一形体的表皮构件化处理：在形体不变的情况下，利用建筑外部突出的表皮构件（如阳台、窗户、遮阳等）进行韵律化设置（重复、渐变、错位或局部突变，或者加上色彩的改变等），以形成有韵律感的光影效果。

②单一形体的表皮纹理处理：利用表皮材料的颜色、质感、光影变化或者通过对立面洞口的设置（门、窗、洞口等）来实现统一中有变化的效果，甚至再结合物理化的处理方式形成更为丰富的效果。如北京建筑大学新校区图书馆、波兰华沙 Sprzeczna 4 号住宅楼等。

▲ 高层建筑造型的 3 种典型做法之对单一形体的表皮构件化处理

▲ 高层建筑造型的 3 种典型做法之对单一形体的表皮纹理处理

（3）多个单元体块重组

先将建筑形体分解为多单元体块的组合，然后对单元进行水平或者垂直方向的操作。

水平方向重组包括错位、渐变、扭转等，适合水平方向较长的建筑。

垂直方向重组包括旋转、渐变、扭转、退台、收分等。代表建筑有黎巴嫩层叠摩天楼住宅（赫尔佐格德与德梅隆事务所）、深圳大疆天空之城（福斯特事务所）、清华大学深圳国际研究生院海洋中心（OPEN 设计）、法国阿尔克伊 ZAC du coteau 公寓（ECDM 建筑事务所设计）等。

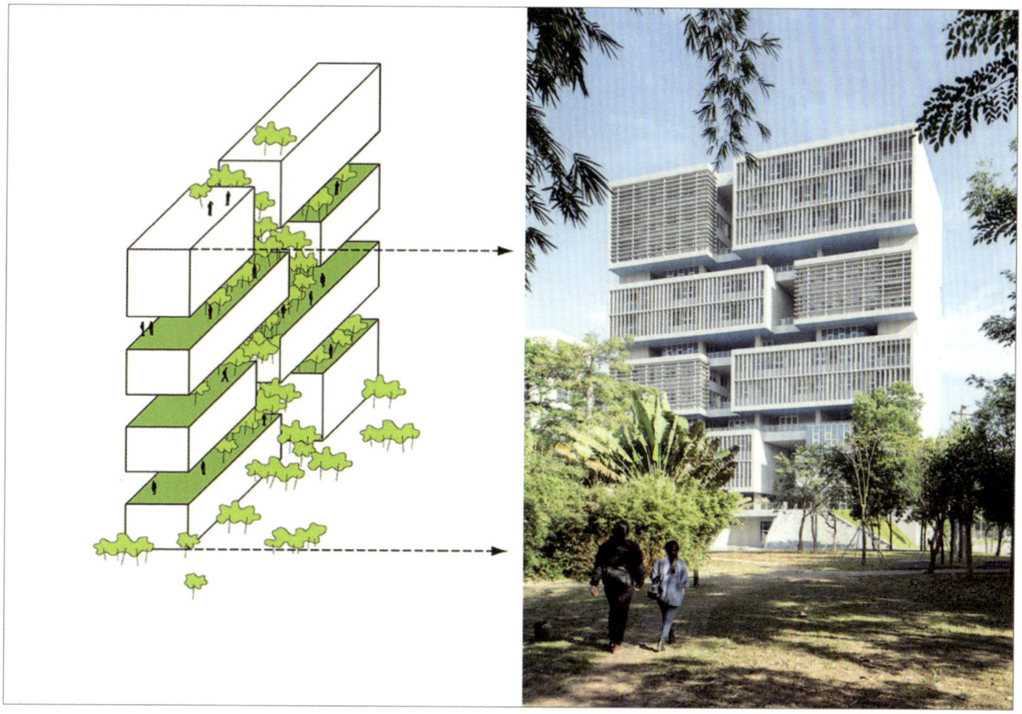

▲ 高层建筑造型的 3 种典型做法之多个单元体块重组

94 立面开窗的 4 个原则

（1）对应性原则

立面开窗应与建筑内部功能空间需求相对应。一般窗户大小反映了建筑的公共性和内部空间大小，窗户越大一般代表空间越大、公共性越强。

立面处理应与建筑体块关系相对应。建筑体块反映了内部空间的功能，也决定了立面的虚实关系。应根据体块关系明确立面的虚实相间、大实大虚、上实下虚、上虚下实、全实全虚等不同状况。

立面处理应与建筑整体风格相对应，即根据建筑整体风格确定立面的处理方式。

（2）层次性原则

从一个窗户到整个立面应有层级，一般窗户及周围墙体构成基本单位，通过水平或者垂直方向重复构成基本单元，多个基本单元重复构成完整的立面。主要目的是形成层次结构，增强尺度的丰富性，同时相邻尺度层级间的比例应近似，且要避免出现过多独立的元素。

（3）对齐性原则

基本单位或者基本单元的重复遵循对齐性（主要是线性对齐）从而使立面具有统一性和秩序感。

（4）对比性原则

单纯的重复和对齐较为单调，需要采用对比性原则增加变化。如立面的虚实、凹凸、形状、大小、色彩的变化对比。

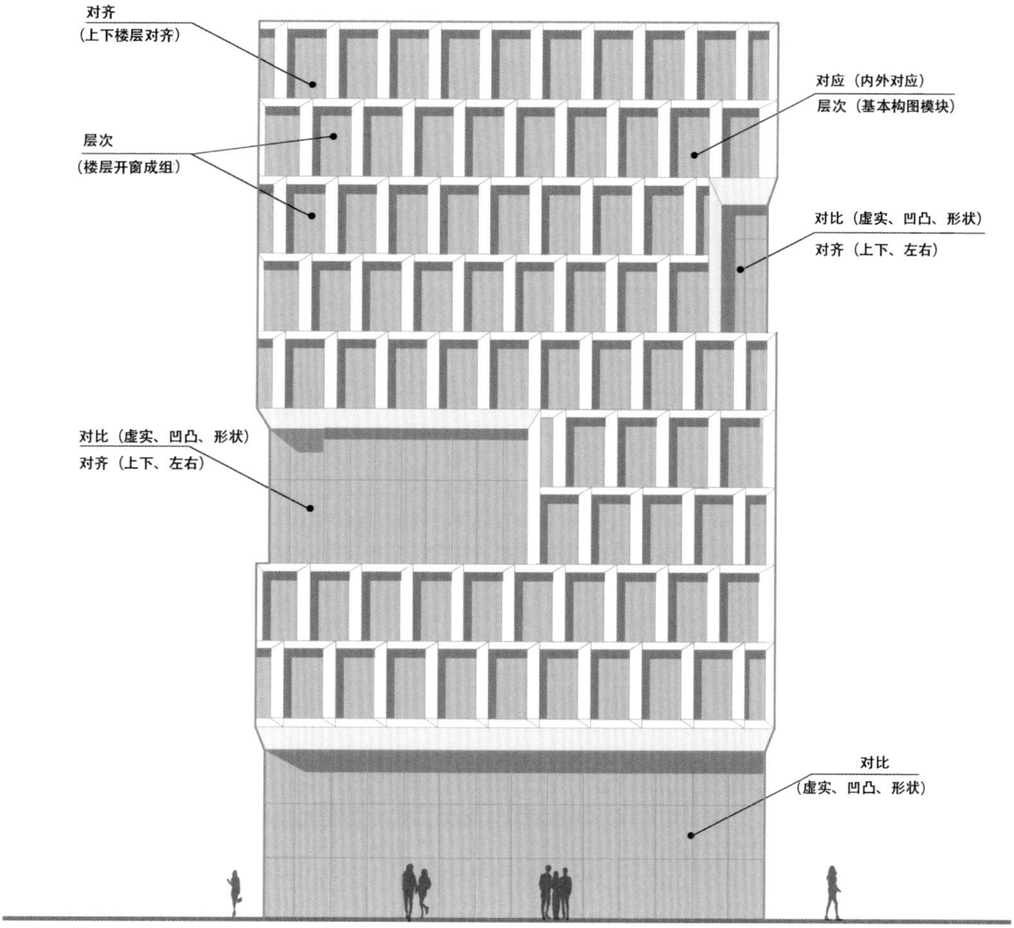
对齐
（上下楼层对齐）
对应（内外对应）
层次（基本构图模块）
层次
（楼层开窗成组）
对比（虚实、凹凸、形状）
对齐（上下、左右）
对比（虚实、凹凸、形状）
对齐（上下、左右）
对比
（虚实、凹凸、形状）

▲ 立面开窗的 4 个原则

95 立面开窗的 3 种常见做法

根据建筑类型及形式要求，常见的立面开窗做法有以下 3 种：

（1）点式做法

立面开窗以点窗为主，又分为规则式和自由式两种。

①规则式：常规做法，窗户数量较多，有较强的秩序性，需要遵循重复、对齐、成组和对比原则。一般立面上下部位和入口部位是处理重点。

②自由式：灵活做法，窗户布置较为自由灵活，强调窗户设置的自然性和随机性。重点是立面一般以实墙为主，窗户不应太大。

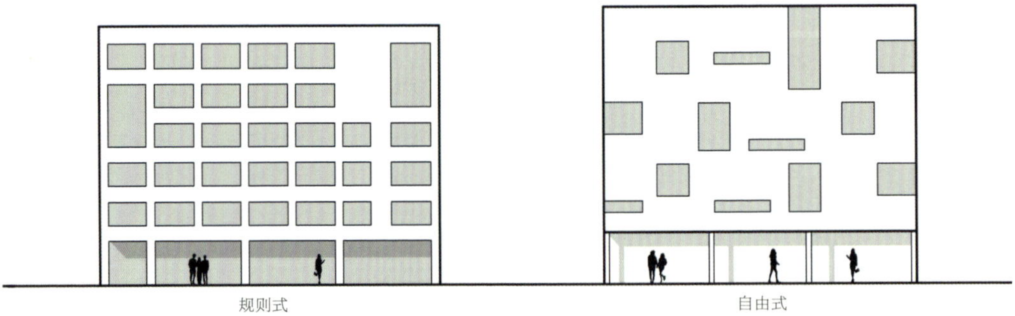

▲ 立面开窗处理的点式做法

（2）线式做法

分为水平线条式、竖向线条式、网格式三种。

①水平线条式：适合强调水平方向形态的建筑，一层窗户及水平线条为一个单元，优点是视野开阔。为避免简单，一般结合内部空间增加分隔板，如可以结合遮阳处理。

②竖向线条式：适合强调垂直方向形态的建筑，一个开间及垂直线条为一个单元，优点是建筑形体挺拔，可以结合遮阳处理。

③网格式：立面根据内部功能房间通过开窗打造具有一定深度的立面网格。为避免单调，一般在网格内增加分隔板或者色彩变化。

（3）面式做法

建筑形体以体块为主，立面重点处理块面的虚实关系，包括大实大虚、上实下虚、上虚下实、全实全虚等。适合博物馆、美术馆、展览馆等建筑类型。

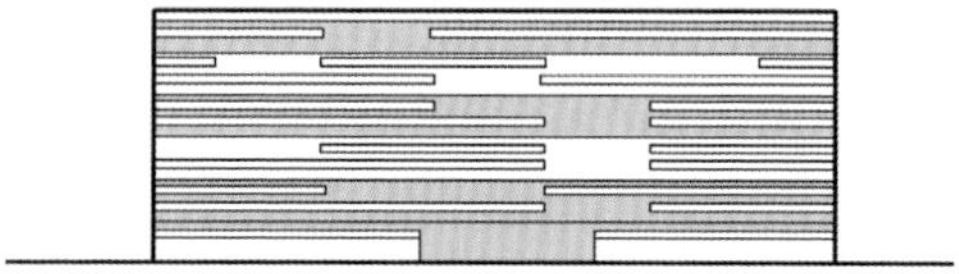
水平线条式

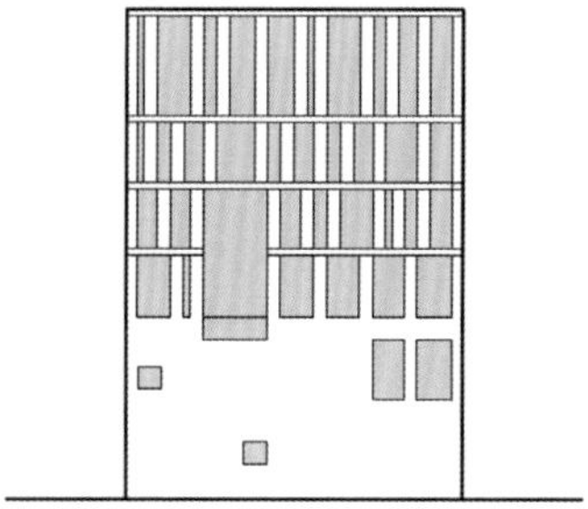
竖向线条式

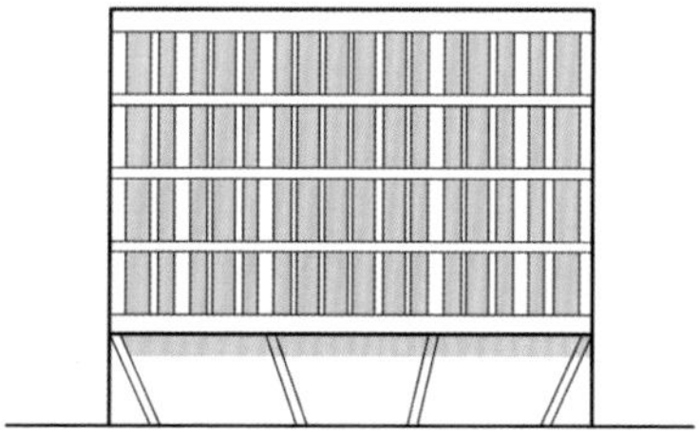
网格式

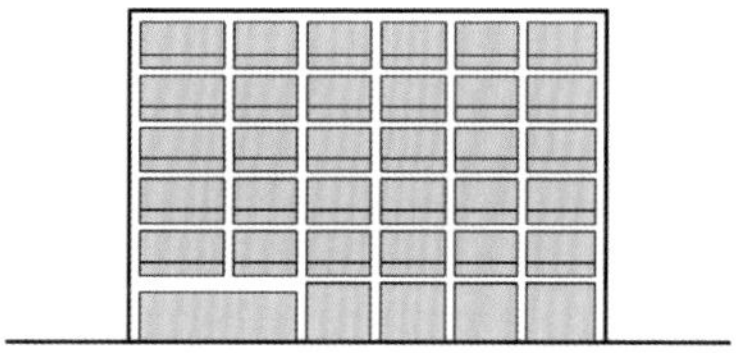
网格式

▲ 立面开窗处理的线式做法

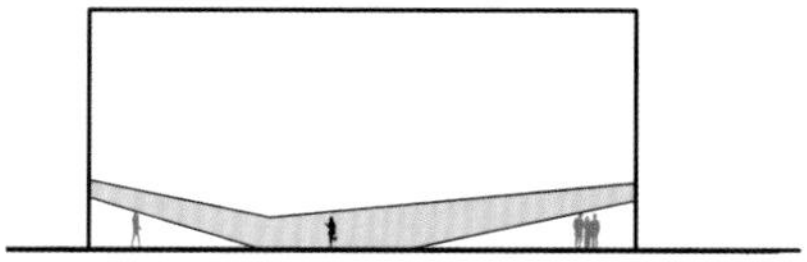

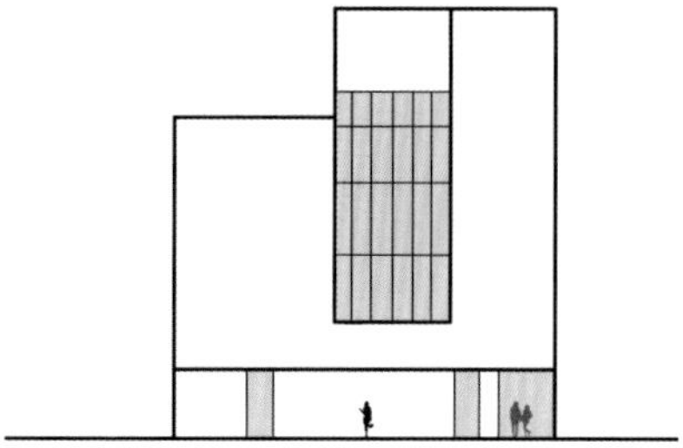

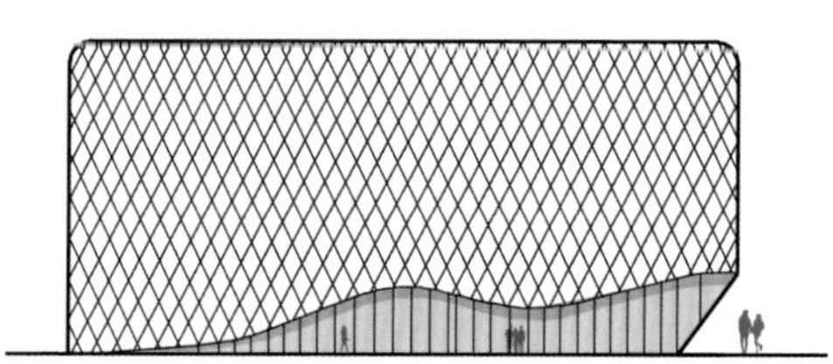
上实下虚

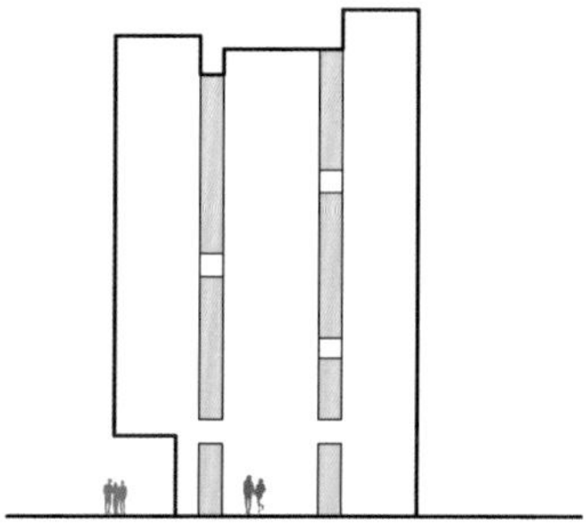
大实大虚

▲ 立面开窗处理的面式做法

96 建筑入口的 5 种处理方法

入口作为建筑内外的过渡空间，主要包括门（门洞、门廊）、平台、台阶（坡道）和入口广场等，其处理方法有以下 5 种：

（1）入口直入

通过增设独立或者一体式雨棚、设置入口体块、柱廊或者以内凹、切角、悬挑等局部架空方式形成直接入口空间。

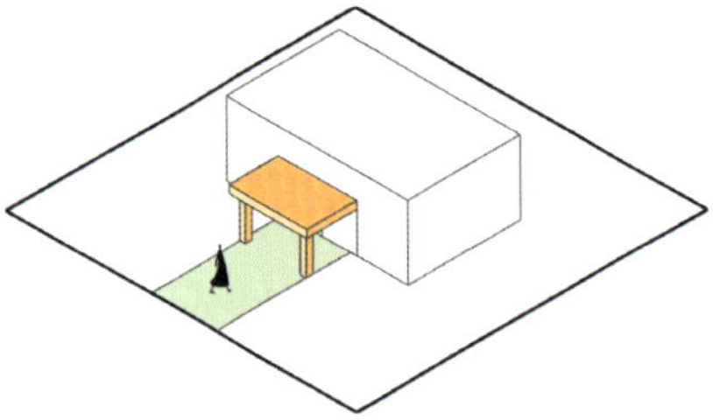

▲ 入口直入

（2）入口前置

把环境作为建筑入口的一部分，通过设置广场、庭院、水面、片墙、树列、隧道等方式使建筑主入口前置，从而获得缓冲和遮蔽效果，适合需要塑造一定特殊氛围的建筑。

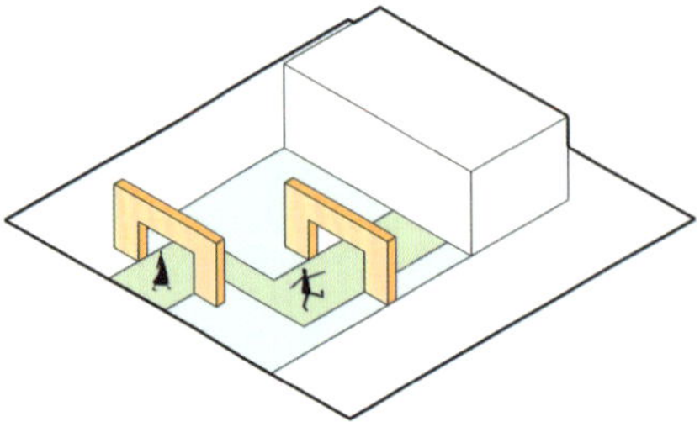

▲ 入口前置

（3）入口内置

适合场地局限的建筑类型。通过建筑局部内凹或形体组合形成内凹，或者局部架空使主入口深入建筑主体内，使外部空间与入口交通及建筑内部空间有较好的结合。

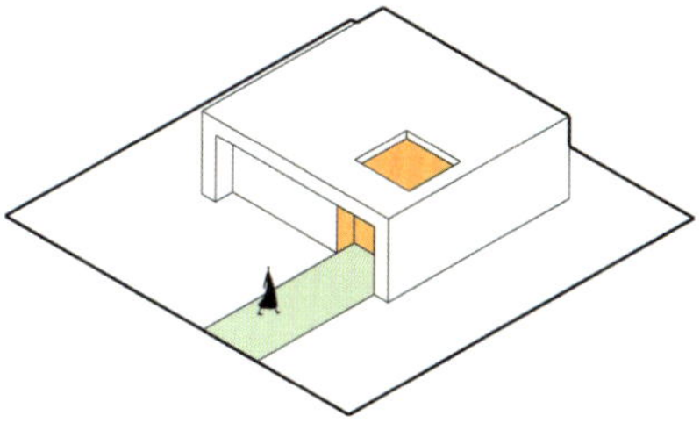

▲ 入口内置

（4）入口下置

通过设置下沉广场、下沉廊道、地面等方式使建筑主入口位于地平面以下，适合对体量、高度有控制的建筑。

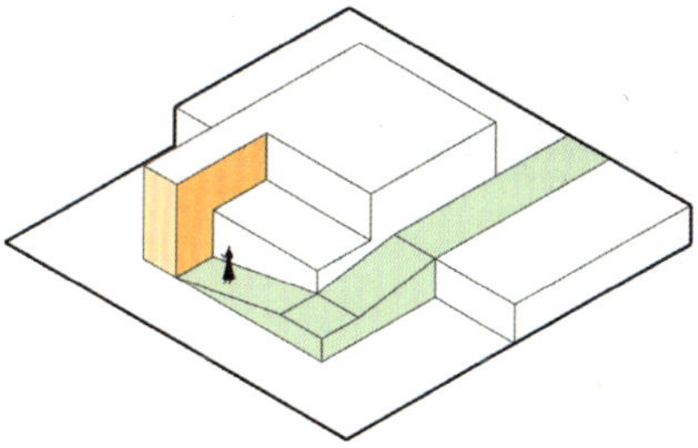

▲ 入口下置

（5）入口上置

通过设置室外台阶、架桥、覆土屋面等抬升方式或者利用地形高差使建筑主入口位于地平面以上，从而形成独特的入口体验。

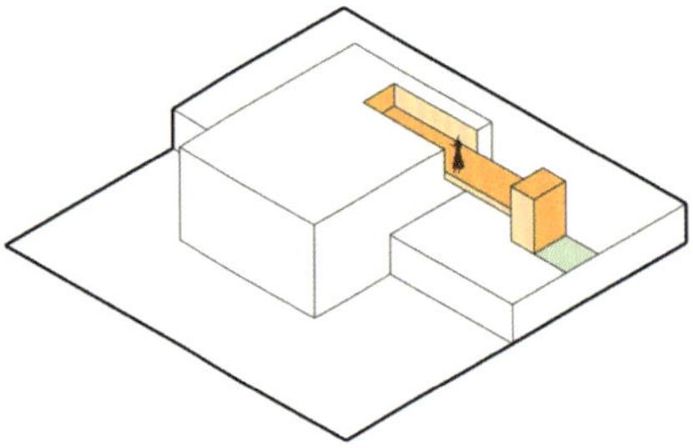

▲ 入口上置

97 坡屋顶的分类处理方式

（1）从坡的数量分

①单坡屋面：适合小体量建筑或者伏地式建筑。一般采用多个单坡组合的方式。

②双坡屋面：最为常见的做法，为了打破常规做法，经常采用不对称、不等坡或者结合屋顶构架、采光天窗、屋顶平台，以及应用玻璃、钢材等的处理手法加强变化。

③多坡屋面：适合尺度较大的建筑，单纯单坡屋面或者双坡屋面难以具有合适比例，采取把大体量建筑化解为多个小尺度形体，然后再组合的方式，特别是多个不等坡屋顶组合能形成丰富的立面效果。

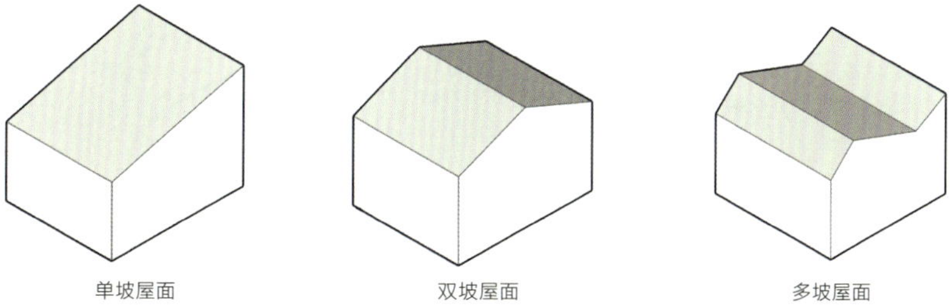

▲ 坡屋顶的分类处理方式——从坡的数量分

（2）从坡的方向分

①外向坡屋面：即屋面坡向建筑外侧，是较为常规的做法。

②内向坡屋面：即屋面坡向建筑内院，而外侧表现为平顶效果。

③反向坡屋面：与传统屋脊高、檐口低的做法相反，反向坡则是檐口高、屋面低。

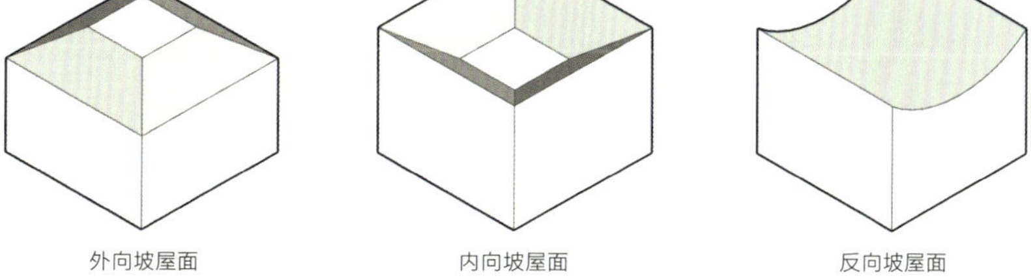

▲ 坡屋顶的分类处理方式——从坡的方向分

（3）从坡的类型分

按照坡的类型分有直线坡屋面、曲线坡屋面、折线坡屋面和异型坡屋面。

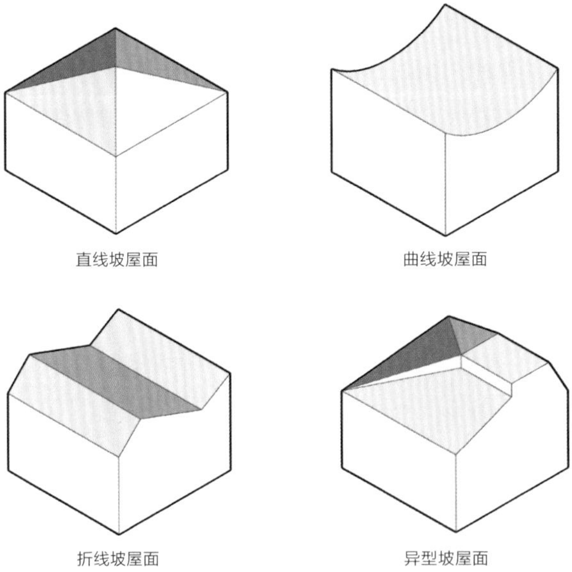

▲ 坡屋顶的分类处理方式——从坡的类型分

98 建筑顶部造型处理的 4 种常用做法

顶部是建筑造型处理的重点，也是体现建筑特色的重要部位。建筑顶部造型一般有以下 4 种常用做法：

（1）调比例

通过调整顶部构件的比例关系，使建筑顶部与主体部位形成区别，从而具有收头效果。一般采用变化顶部构架、窗户或者幕墙划分（扩大或者缩小）比例的做法。

▲ 建筑顶部造型处理的 4 种常用做法之调比例

(2)改虚实

通过改变建筑顶部造型的虚实关系，暗示建筑造型的结束，这种做法通常见于大体量建筑。

▲ 建筑顶部造型处理的 4 种常用做法之改虚实

(3)变形体

通过对建筑顶部形体进行拉伸、削切、渐变、收分、挖洞、退台、错位、悬挑、螺旋等操作，使顶部造型和下部主体产生明显的变化，既表达了造型的结束，又形成一定的特色。

▲ 建筑顶部造型处理的 4 种常用做法之变形体

（4）增构件

通过增加局部建筑高度或者结合机房、屋顶观光平台等形成独立顶部造型，或通过悬挑、架空等增设屋顶构件的方式，使建筑顶部主体突出。

▲ 建筑顶部造型处理的 4 种常用做法之增构件

99 建筑表皮的 4 个发展趋势

建筑表皮作为内外空间的分隔和能量、资源利用的载体，需要满足功能、性能、美学、气候、安全和建造方面的不同需要。

（1）功能复合化

建筑表皮由多个不同功能层次复合而成，如将围护、通风、遮阳、蓄热、生产等功能复合为一体。

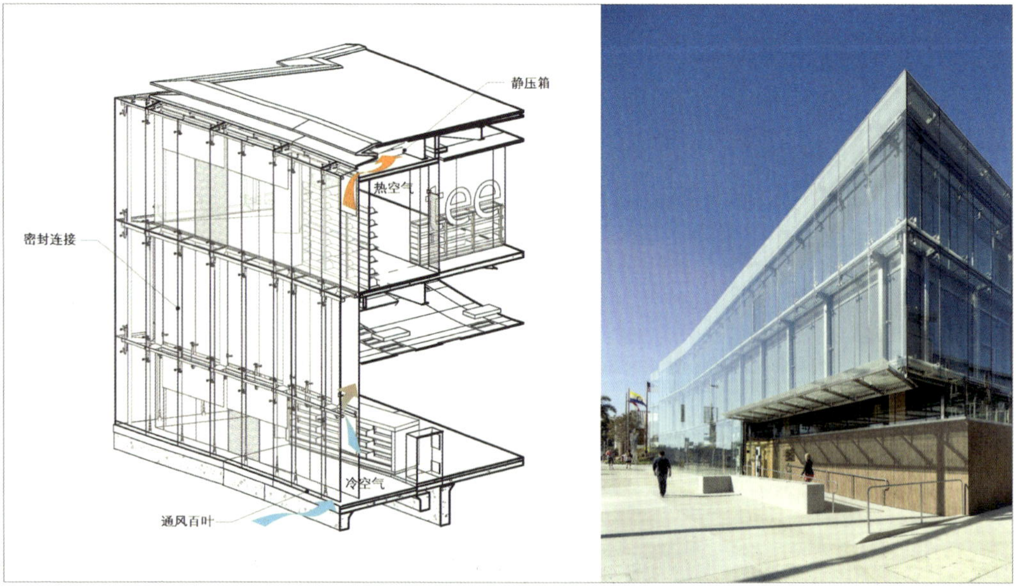

▲ 建筑表皮的 4 个发展趋势之功能复合化

（2）边界模糊化

建筑表皮不仅仅有分隔内外和限定气候边界的作用，而且具有更强的与外界自然联系及其他更为丰富的作用，其生产、生活、生态等多元功能，也使建筑表皮呈现边界模糊化的趋势。

▲ 建筑表皮的 4 个发展趋势之边界模糊化

（3）性能产业化

建筑表皮不仅具有围合、通过和过滤功能，更是在此基础上能整合具有能源生产（光伏、光热、风力等）、农业生产或景观生产等功能。

▲ 建筑表皮的 4 个发展趋势之性能产业化

（4）形象动态化

建筑表皮不再是传统的固定式的，而是能够根据气候及使用者需要灵活调整形态的表皮。

▲ 建筑表皮的 4 个发展趋势之形象动态化

部分图片来源

3　设计方案的 2 个评价标准

图片来源：https://big.dk/，https://www.archdaily.com/

4　设计理念的 2 个导向

图片来源：https://www.archdaily.com/

6　设计理念的 7 个常见来源

图片来源：https://www.archdaily.com/

7　设计理念转化的 3 个方法

图片来源：https://www.turenscape.com/，http://www.jinlingartmuseum.com/，https://big.dk/

11　建筑文化的 2 种体现

图片来源：https://baike.baidu.com

12　建筑场所感的 3 个特征

图片来源：https://www.archdaily.com，https://archeyes.com/，https://divisare.com/

22　新城市主义的 2 个开发模式

图片来源：彼得 · 卡尔索普 . 未来美国大都市 . 郭亮，译 . 北京：中国建筑工业出版社，2009.

大卫 · 沃尔特斯，琳达 · 路易丝 · 布朗 . 设计先行——基于设计的社区规划 . 张倩，邢晓春，潘春燕，译 . 北京：中国建筑工业出版社，2006.

25　地域性建筑的 4 种倾向

图片来源：https://www.archdaily.com，https://forgemind.net/

27　与历史风貌环境的 2 种协调方式

图片来源：https://www.archdaily.com

28　城市更新中新旧建筑的 3 种关系

图片来源：https://www.archdaily.com

29　城市“针灸”的 4 个特征

图片来源：https://www.archdaily.com

30　城市触媒的 4 个特征

图片来源 : 韦恩 · 奥图，唐 · 洛干 . 美国都市建筑：城市设计的触媒 . 王邵方，译 . 中国台北：创行出版社有限公司，1994.

31　城市设计的三大基础理论

图片来源 : 罗杰 · 特兰西克 . 寻找失落的空间：城市设计的理论 . 朱子瑜等，译 . 北京：中国建筑工业出版社，2008.

35　总平面布局的“三适”原则

图片来源：https://www.archdaily.com

48　平面形式的 3 种基本类型

图片来源：https://www.archiposition.com/，https://www.archdaily.com

49　平面秩序的 4 种形成方式

图片来源：https://www.dezeen.com/
51 楼梯的 3 种功能
图片来源：https://www.archdaily.com
53 交通路线设计的 3 个特征
图片来源：https://www.archdaily.com
54 水平交通流线的类型
图片来源：https://www.archdaily.com
57 中庭空间的 5 种生成方式
图片来源：https://www.archdaily.com
58 丰富公共空间的 3 个原则
图片来源：https://www.flickr.com/，https://www.archdaily.com，https://www.xiaohongshu.com/
59 空间高效利用的 3 种方式
图片来源：https://www.archdaily.com
68 视线设计的 4 个原则
图片来源：https://www.archdaily.com
76 公寓建筑的 3 种类型
图片来源：http://www.rexgroup.com.cn/，http://gz.jxyczs.com/，https://realtynxt.com/
85 视知觉原理的 4 个特征
图片来源：https://www.gmp.de/，https://www.archdaily.com
86 格式塔心理学中的 7 个视觉倾向
图片来源：https://www.archdaily.com
87 造型设计的 2 个基本美学原则
图片来源：https://www.archdaily.com，https://www.gmp.de/
88 统一与变化的 4 个具体手法
图片来源：https://www.archdaily.com
90 比例协调的 3 个原则
图片来源：https://www.gmp.de/，https://divisare.com/
91 尺度适宜的 3 个原则
图片来源：https://www.gmp.de/
93 高层建筑造型的 3 种典型做法
图片来源：https://www.archdaily.com，https://vwartclub.com/，https://www.gooood.cn/
96 建筑入口的 5 种处理方法
图片来源：http://www.dfunmag.com.tw/，https://www.archdaily.com
98 建筑顶部造型处理的 4 种常用做法
图片来源：https://www.archdaily.com，https://www.pinterest.com/
99 建筑表皮的 4 个发展趋势
图片来源：https://www.archdaily.com

后记

虽然当今社会发展日新月异，新技术在很多行业中也越来越占据主导地位，但建筑设计依然有很多基础性的工作要做，特别是一些基本设计经验、规律的总结。这些经验、规律是设计的依据，也是初学者学习设计的前提。

本书在某种意义上是《建筑设计修炼手册》的延续。如果《建筑设计修炼手册》偏重于建筑设计的整体理解和主要方法步骤的话，本书重点则在于具体设计经验和规律的总结。两本书的写作初衷都是基于作者在建筑设计学与教中碰到的问题和体会，主要看到同学们常执着于形体和空间的营造，但对一些基础理论和常识性做法不够熟悉，造成设计过程缺乏章法且难以获得理想的结果，从而使这些原本成绩出色的同学逐渐丧失学习信心。尤其是目前建筑市场低迷的情况下，入门的困难及未来预期的不明确使个人及专业面临前所未有的困境。

本书试图把个人对设计的一些理解介绍给初学者，但因时间原因，很多内容只能点到为止，希望不要因理解偏差而误人子弟。再者希望初学者注意的是：明白方法、经验是一回事，能否很好地将其应用到设计中是另外一回事，这还需要大量针对性的练习。

作为图示类型的书籍，本书有大量的插图，承担这个繁重工作的是牟晓阳老师，另外还有王凯磊、王思远和谢润琪等几位同学也参与了部分绘图工作，对他们的辛苦付出在此表示感谢！

张军杰　牟晓阳